江苏省高等学校重点

机器人技术——建模、仿真及应用

主　编　韩亚丽
副主编　贾　山
参　编　关鸿耀　高海涛

机械工业出版社

本书介绍了机器人的基础知识，并通过大量的仿真实例，对机器人机械臂的运动学、动力学、运动轨迹规划、关节控制进行了详细分析，最后讨论了机械系统中常用的仿真方法，并附有必要的计算程序和仿真流程。

本书中部分仿真实例给出了演示视频，读者可扫描二维码观看。

本书内容精炼，由浅入深，实例丰富，注重理论与实际相结合。本书可作为普通高等院校机械、自动化、人工智能等相关专业的教材，也可供从事机器人研究、开发和应用的科学技术人员参考。

图书在版编目（CIP）数据

机器人技术：建模、仿真及应用/韩亚丽主编．—北京：机械工业出版社，2022.12

江苏省高等学校重点教材

ISBN 978-7-111-72094-2

Ⅰ.①机…　Ⅱ.①韩…　Ⅲ.①机器人技术-高等学校-教材 Ⅳ.①TP24

中国版本图书馆 CIP 数据核字（2022）第 219880 号

机械工业出版社（北京市百万庄大街 22 号　邮政编码 100037）

策划编辑：赵亚敏　　　　责任编辑：赵亚敏

责任校对：肖　琳　王明欣　　封面设计：张　静

责任印制：任维东

北京富博印刷有限公司印刷

2023 年 5 月第 1 版第 1 次印刷

184mm×260mm · 9.5 印张 · 234 千字

标准书号：ISBN 978-7-111-72094-2

定价：35.00 元

电话服务　　　　　　　　　网络服务

客服电话：010-88361066　　机　工　官　网：www.cmpbook.com

　　　　　010-88379833　　机　工　官　博：weibo.com/cmp1952

　　　　　010-68326294　　金　　书　　网：www.golden-book.com

　　机工教育服务网：www.cmpedu.com

前言

机器人技术建立在多学科发展的基础上，具有应用领域广、技术新、学科综合与交叉性强等特点，是当今世界上极为活跃的研究领域之一。机器人仿真在机器人的研究和应用中起着重要的作用，通过系统仿真，可提供既经济又安全的设计和实验手段，能够在制造与生产之前模拟出实物，避免不必要的返工。随着机器人仿真研究的开展，近年来陆续出现了机器人建模与仿真的相关图书，但多是在研究者科研基础上编写而成的，理论深度较高，不适合机械类、自动化类相关专业学生的培养要求。因此，基于机器人基础知识体系，编写机器人系统建模与仿真教材，对高等院校相关专业的师生及从事机器人研究和产业化的工程技术人员大有裨益。

本书共分为7章。第1章为绪论，简述了机器人的定义、分类、主要技术参数及主要研究内容。第2章讨论了机器人运动学的相关内容，包括空间位姿、坐标变换、关节坐标系的建立及连杆的D-H参数，系统地推导了典型机械臂的正运动学模型并给出了仿真案例。第3章进行了机器人的静力学分析，讨论了雅可比矩阵在静力学中的应用。第4章为机器人动力学，主要介绍了牛顿-欧拉法和拉格朗日法，并采用拉格朗日法对连杆机构进行了仿真分析。第5章为机器人机械臂的运动轨迹规划，分析了多种轨迹规划方法并给出了仿真案例。第6章讨论了机器人控制系统与控制方法，并介绍了机器人控制系统硬件的相关内容。第7章为仿真案例，不仅囊括了不同的仿真平台和仿真软件，还包括两个或多个不同仿真软件的联合仿真应用实例，应用对象涵盖面较广，既包括较为熟悉的工业多连杆机械臂，也涉及康复机器人、柔性机械手等。书中各章节之间既相对独立，又前后呼应，有机结合，力求使学生掌握整体的机器人技术知识结构，同时掌握机器人系统建模与仿真的实现过程。

此外，本书中部分仿真实例给出了演示视频，读者可扫描二维码观看。

本书作者近二十年来专注于机器人技术方面的科学研究，也讲授机器人技术相关课程，在机器人系统建模与仿真方面积累了相关经验。本书在编写过程中用到的仿真资源一部分来源于作者的科研积累，另一部分来源于教学参考书的优秀案例，感谢参考文献中所列出的国内外著作的作者，是他们出色的工作丰富了本书的内容。同时向为本书提供仿真实例的项目组成员、教学团队成员表示衷心的感谢！

本书由韩亚丽、贾山、高海涛、关鸿耀等人编写，由于作者水平有限，书中难免存在不妥之处，敬请广大读者批评指正。

编　者

目　　录

第1章 绪论

1.1 机器人的定义

目前，世界各国已研发出各种各样的机器人，然而，什么是机器人？至今还没有一个统一、严格、准确的定义。

机器人（Robot）一词来源于1920年捷克作家Karel Čapek发表的科幻剧本《Rossum's Universal Robots》。在该剧本中，机器人是人造的没有情感和思维，只会劳动的自动机器。

《大英百科全书》中关于机器人的定义是“机器人是一种可取代人工的自动操作机器，尽管其外表不像人或不能像人那样执行任务”。

国际标准化组织（International Organization for Standardization，IOS）对机器人的定义是“机器人是一种自动的、位置可控的、具有编程能力的多功能机械手，这种机械手具有几个轴，能够借助于可编程序操作来处理各种材料、零件、工具和专用装置，以执行种种任务”。

美国国家标准局（National Bureau of Standards，NBS）对机器人的定义是“一种能够进行编程，并在自动控制下执行某些操作和移动作业任务的机械装置”。

日本工业机器人协会（Japanese Industrial Robot Association，JIRA）对机器人的定义是“工业机器人是一种带有存储器件和末端执行器的通用机械，它能够通过自动化的动作替代人类劳动”。

按照GB/T 12643—2013《机器人与机器人装备词汇》，我国对机器人的定义是：机器人是具有两个或两个以上可编程的轴，以及一定程度的自主能力，可在其工作环境内运动以执行预期的任务的执行机构。

综上所述，尽管关于机器人的各种定义说法不尽相同，但有许多共同之处。概括其各种性能，可以按以下特征来描述机器人：

1）具有类似人或其他生物体的肢体、器官等的功能，能像人那样使用工具和机械。

2）具有通用性，工作种类多样，动作程序灵活易变。

3）具有不同程度的智能性，如记忆、感知、推理、决策和学习等。

4）具有独立性，可以不依赖于人的干预进行工作，是机电一体化的自动化装置。

随着机器人技术的飞速发展，机器人不断向各个领域的拓展延伸，以及其功能和智能化程度的增强，机器人的定义也需要不断地充实和完善。

1.2 机器人的分类

机器人的分类方法有多种，比较好的分类原则是根据机器人的主要组成部分及主要应用来分，如图 1.1 所示。

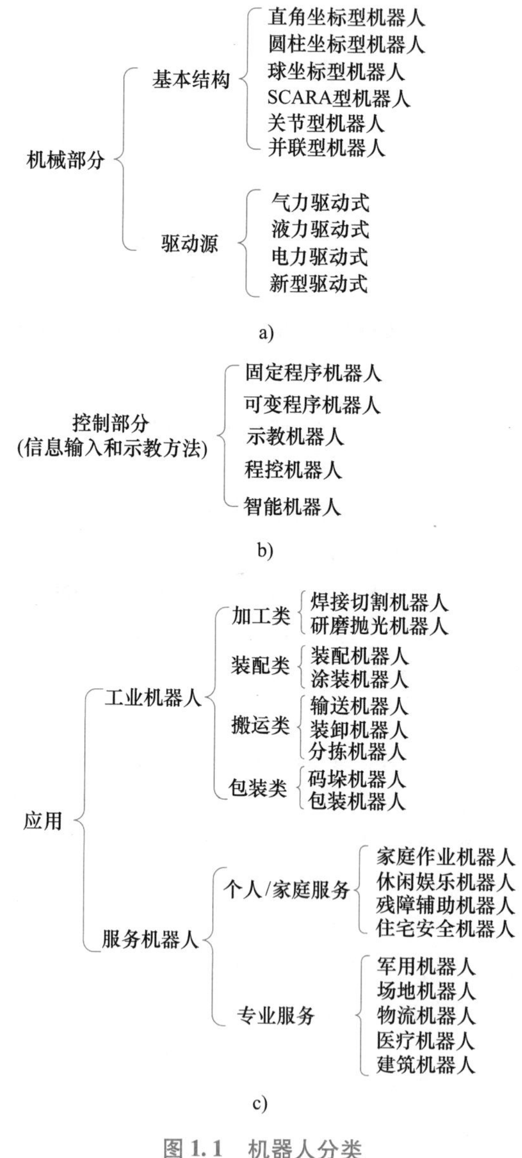

图 1.1　机器人分类

1. 按机器人的结构形式和运动形态分类

通常机器人依据结构形式和运动形态可分为直角坐标型机器人、圆柱坐标型机器人、球坐标型机器人、SCARA 型机器人、关节型机器人、并联机器人等。

（1）直角坐标型机器人　直角坐标型机器人手部空间位置的改变是通过沿 3 个互相垂直轴线的移动来实现的，即沿着 x 轴的纵向移动、沿着 y 轴的横向移动，以及沿着 z 轴的升降。直角坐标型机器人具有位置精度高、控制简单无耦合、避障性好等特点，但存在结构较庞大、动作范围小、灵活性差等缺点。

（2）圆柱坐标型机器人　圆柱坐标型机器人主要由垂直立柱、水平手臂（或机械手）和底座构成。机器人手臂的运动系由垂直立柱内的伸缩和沿着立柱的升降两个直线运动，以及手臂绕立柱的转动复合而成。圆柱坐标型机器人的位置精度仅次于直角坐标型机器人，其控制简单、避障性好，但存在结构庞大、两个移动轴的设计较为复杂等缺点。

（3）球坐标型机器人　球坐标型机器人手臂的运动由一个移动和两个转动组成，即手臂沿 x 轴的伸缩、绕 y 轴的俯仰和绕 z 轴的回转。球坐标型机器人具有占地面积小、结构紧凑等特点，但存在避障性差、平衡性差等缺点。

（4）SCARA 型机器人　SCARA 型机器人手臂的前端结构采用在二维空间内能任意移动的自由度，所以它具有垂直方向刚性高、水平面内刚性低的特征。SCARA 型机器人更能简单地实现二维平面上的动作，常用于装配作业中。

（5）关节型机器人　关节型机器人主要由立柱、前臂和后臂组成，机器人的运动由前、后臂的俯仰及立柱的回转构成。关节型机器人具有结构最紧凑、灵活性大、避障性好等特点，但存在位置精度低、控制耦合等缺点。

（6）并联型机器人　并联型机器人机构由一个 n 自由度的末端执行器（或动平台），一个固定平台，以及 m（$m>1$）个连接动平台和固定平台的独立运动支链组成的闭环系统。并联机构机器人具有刚性好的特点，但存在控制复杂、工作范围小等缺点。

2. 按机器人的驱动方式分类

（1）气力驱动式　气力驱动式机器人以压缩空气来驱动执行机构，这种驱动方式的优点是空气来源方便，动作迅速，结构简单，造价低；缺点是空气具有可压缩性，使得工作速度的稳定性较差，多用于抓举力较小的场合。

（2）液力驱动式　相对于气力驱动来说，液力驱动机器人具有较大的抓举能力，同时具有结构紧凑、传动平稳且动作灵敏等优点，缺点是对密封的要求较高，不宜在高、低温场合工作，且制造精度要求高、成本高。

（3）电力驱动式　电力驱动式机器人利用各种电动机产生的力和力矩，直接或通过减速机构驱动机器人。电力驱动具有无环境污染、易于控制、运动精度高、成本低、驱动效率高等优点。

（4）新型驱动方式　随着新型机器人的不断发展，基于新的工作原理的新型驱动方式也不断出现，如压电、静电、记忆合金驱动器，以及人工肌肉驱动器等。

3. 按机器人控制器的信息输入和示教方法分类

（1）固定程序机器人　固定程序机器人可按照预先设定好的顺序、条件、位置，逐步完成各个阶段的预设任务，但是要更改预先设定的条件非常不方便。

（2）可变程序机器人　可变程序机器人能按照预先设定好的顺序、条件、位置，逐步完成各个阶段的预设任务，并且可以很方便地更改预先的设定程序。

（3）示教机器人　示教机器人能预先由人对机器人的机械臂及机械手或生产工具的动

作进行示教，并将作业的顺序、位置等信息记录下来，在工作时再将记录信息读取出来，由机械臂及机械手或生产工具完成相关作业。

（4）程控机器人　程控机器人的操作人员并不是对机器人进行手动示教，而是向机器人提供运动程序，使得机器人执行给定的任务，其控制方式与数控机床一样。

（5）智能机器人　智能机器人能够基于传感信息来独立检测其工作环境或工作条件的变化，并借助其自身的决策能力，执行相应的工作任务。

4. 按机器人的用途分类

（1）工业机器人　工业机器人主要应用于工业生产中，进行焊接、喷漆、装配、搬运、检验等作业。

（2）服务机器人　服务机器人是除工业机器人之外，服务人类非生产性活动的机器人总称。

1.3　机器人基础知识

1.3.1　机器人的基本术语

1. 刚体

物理学上，理想的刚体是一个固体的、尺寸值有限的、形变情况可以忽略的物体。无论是否受力，刚体任意两点的距离都不会改变。机器人中很多杆件机构为刚体。

2. 自由度

自由度是指机器人所具有的独立坐标轴运动数目，描述空间中刚体运动通常需要 6 个变量（x，y，z，α，β，γ），前 3 个变量表示刚体的位置，后 3 个变量表示刚体的姿态，一个自由刚体在三维空间中具有 6 个自由度。

3. 空间直角坐标系

在机器人学中，坐标系具有非常重要的作用，是建立机器人数学模型的基础，是为确定机器人的位置和姿态而在机器人或空间上进行定义的位置指标系统。在机器人学中广泛采用的是空间笛卡儿直角坐标系。空间笛卡儿坐标系具有以下 4 个特点：①三条数轴交于原点；②三条数轴不共面；③三条数轴度量单位相等；④三条数轴相互垂直。

4. 机器人运动坐标系

工业机器人系统中常用的运动坐标系有世界坐标系、基座坐标系、关节坐标系、工具坐标系、工件坐标系，其中世界坐标系、基座坐标系、工具坐标系、工件坐标系均属于空间直角坐标系。

（1）世界坐标系　世界坐标系一般是指建立在地球上的笛卡儿直角坐标系，也称为大地坐标系。该坐标系相对于地球上的其他物体都是不动的，所以可作为通用的参考系。

（2）基座坐标系　基座坐标系也称为基坐标系，一般用于描述机器人操作臂，是指建立在机器人不运动的基座上的坐标系，该坐标系相对于机器人的其他部分是静止不动的，通常用作描述机器人各关节运动及末端位姿的参考坐标系。

（3）关节坐标系　关节坐标系是设定在机器人关节中的坐标系，在关节坐标系下机器人各轴可实现单独正向或反向运动。

(4) 工具坐标系　工具坐标系是用来定义工具中心点的位置和工具姿态的坐标系，其原点定义在工具中心点，但 x、y、z 轴的方向定义因生产厂商而异。

(5) 工件坐标系　工件坐标系也称为用户坐标系，是用户对每个工作空间进行定义的直角坐标系。该坐标系以基座坐标系为参考，通常建立在工件或工作台上。

(6) 坐标变换　坐标变换是指将一个点的坐标描述从一个坐标系转换到另一个坐标系下的过程。在机器人的运动学中，坐标变换非常重要，通常用于两个相邻连杆之间的位姿转换。

5. 关节和连杆

关节是允许机器人机械臂各零件之间发生相对运动的机构，是两构件直接接触并能产生相对运动的可动连接。

连杆是工业机器人机械臂上被相邻关节分开的部分，是保持各关节间固定关系的刚体，是机械机构中两端分别与主动和从动构件铰接以传递运动和力的杆件。

关于关节类型，分类如下：

(1) 转动关节　转动关节又称转动副，是使连续两个连杆的组成件中的一个相对于另一个绕固定轴线转动的关节，两个连杆之间只做相对转动。按照轴线的方向，转动关节可分为回转关节和摆动关节。

1) 回转关节，是两连杆相对运动的转动轴线与连杆的纵轴线（沿连杆长度方向设置的轴线）共轴的关节，旋转角可达360°以上。

2) 摆动关节，是两连杆相对运动的转动轴线与两连杆的纵轴线垂直的关节，通常受到结构的限制，转动角度小。

(2) 移动关节　移动关节又称移动副、滑动关节，是使两个连杆的组件中的一件相对于另一件做直线运动的关节，两个连杆之间只做相对移动。

机器人关节中，除了转动关节与移动关节外，还有球关节等。

1.3.2　机器人的机构

(1) 操作臂　操作臂也叫机械臂，是指可在空间抓放物体或进行其他操作的机电装置。目前操作臂主要有两种结构形式——一体化结构和模块化结构：传统的工业机器人多采用一体化的结构，有一个集中的控制柜；而模块化机械臂的每个关节是一个集电机、控制、传感于一体的独立结构，关节模块之间可以相互通信、供电，一般没有集中的控制柜。

(2) 末端执行器　末端执行器是机器人执行部件的统称，它一般位于机器人腕部的末端，是直接执行工作任务的装置，如灵巧手、夹持器等。

(3) 手腕　手腕是机器人的某个或某几个关节所在部位的统称，起到人类手腕的作用。手腕一般与机器人末端执行器直接连接，具有支撑和调整末端执行器姿态的功能。

1.3.3　机器人的主要技术参数

(1) 关节空间　关节空间是机器人关节变量所构成的数学意义上的空间集合。例如，某工业机器人有6个关节，每个关节位置用变量表示为 θ_i（$i=1$，2，…，6），则此6个关节变量可构成一个关节空间集合。此外，机器人的关节位置变量、关节速度变量和关节角速度变量都可独立或组合构成机器人的关节空间。

（2）工作空间　机器人工作空间有两层含义。一层是数学意义上，指机器人工作空间变量所构成的空间集合。例如，某6自由度工业机器人的工作空间可用6个变量x、y、z、α、β、γ描述，这6个变量可构成机器人的工作空间。另一层含义是几何层面上，指机器人运动描述参考点所能达到的空间的集合，一般只考虑机器人工作空间的位置变量，如x、y、z通常用于描述机器人操作臂的工作范围，它是由操作臂的连杆尺寸、关节运动范围和构型决定的。

（3）额定负载　额定负载是指机器人在规定的性能范围内末端机械接口处能够承受的最大负载量。该指标反映了机器人搬运重物的能力，通常用来表示机械臂的承载力。

（4）分辨率　分辨率是指机器人每个关节能够实现的最小移动距离或最小转动角度。该指标反映了机器人关节传感器的检测精度及关节的运动精度。

（5）定位精度　定位精度是指机器人执行指令设定位姿与实际到达位姿的一致程度。在机器人的技术指标中，定位精度通常用重复定位精度来表示。

（6）最大工作速度　不同厂家对最大工作速度规定内容不同，有的厂家定义为工业机器人主要自由度上最大的稳定速度，有的厂家定义为手臂末端最大的合成速度。

1.3.4　机器人的控制

（1）伺服系统　伺服系统是控制机器人的位姿和速度等使其跟随目标值变化的控制系统。伺服系统是机器人控制的核心，目前主要有基于工控机的伺服系统和基于嵌入式控制器的伺服系统两大类。基于工控机的伺服系统常用于工业机器人等大功率机器人系统，基于嵌入式控制器的伺服系统通常用于移动机器人等小型机器人系统。

（2）机器人语言　在机器人的早期阶段，需要采用专用的计算机编程语言编写机器人的控制程序。目前，机器人编程语言多采用C、C++等。

（3）离线编程　离线编程是机器人作业方式的信息记忆过程与作业对象不发生直接关系的编程方式。例如，在计算机上编写机器人的控制程序，然后让机器人按照编写的程序运动。

（4）在线编程　在线编程是让机器人在执行任务的过程中记住运动参数及轨迹的一种编程方式。在线编程最常用的方式是人工示教。

（5）传感器　机器人采用传感器感知自己和周围环境，因此机器人传感器分为内部传感器和外部传感器。

（6）点位控制　点位控制是机器人的一种典型控制方式，可控制机器人从一个位姿运动到下一个位姿，只保证起点和终点处位姿的准确性，不限定其中间的过渡路径，由机器人的控制器和驱动器自动选择。

（7）连续轨迹控制　连续轨迹控制是一种比点位控制更复杂的控制方式，它能够控制机器人的机械接口在指定的轨迹上按照编程规定的位姿和速度移动。

（8）协调控制　协调控制是对多个机器人而言的，该控制方式可以协调控制多个机械臂或多台机器人同时进行某种作业。

1.4　机器人的主要研究内容

不同类型的机器人的机械、电气和控制结构千差万别，但是一个机器人系统通常由 3 部分、6 个子系统组成，如图 1.2 所示。

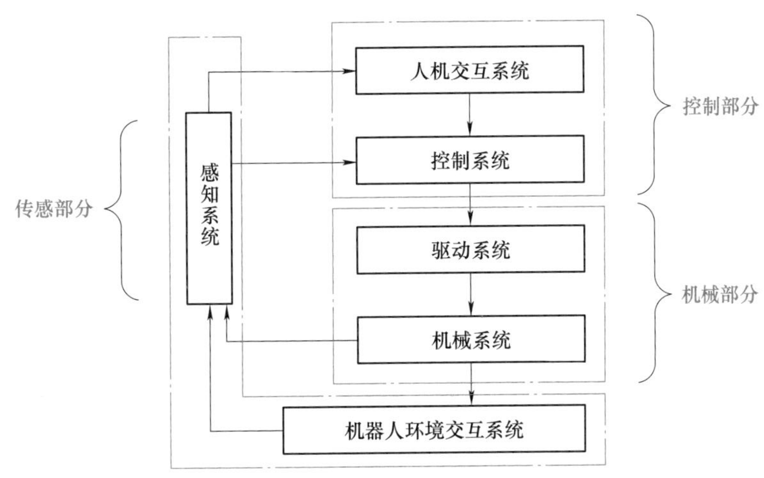

图 1.2　机器人系统基本构成

3 部分分别是机械部分、传感部分和控制部分，6 个子系统分别是机械系统、驱动系统、控制系统、人机交互系统、感知系统，以及机器人环境交互系统。围绕机器人的基本构成开展的主要研究内容如下。

（1）机器人机构　机器人机构是用来将输入的运动和力转换成期望的力和运动并输出的机构。机器人机构按工作空间可分为平面机构和空间机构，按刚度可分为刚性机构和柔性机构。机器人机构研究主要体现在机器人本体机构的构型、尺度、速度、负载能力及机构刚度的设计等方面。

（2）机器人运动学　机器人的执行机构实际上是一个多刚体系统，为了研究涉及组成这一系统的各杆件之间以及系统与对象之间的相互关系，需要一种有效的数学描述方法。基于机器人数学描述方法，机器人运动学主要研究机器人的位置、速度、加速度及其他位置变量的高阶导数，包括正运动学和逆运动学两大类问题。运动学研究机器人的运动，但不考虑产生运动的力。

（3）机器人动力学　机器人动力学是研究机器人产生预定运动需要的力，如关节电机驱动输出的力矩。这方面的研究需要建立机器人动力学方程，即建立作用于机器人各机构的力或力矩及其位置、速度、加速度关系的方程。机器人动力学的基础是牛顿力学、拉格朗日力学等。

（4）机器人感知　机器人感知是通过不同的传感器来实现，分内部传感器和外部传感器两大类。机器人感知主要研究专用传感器的研制及传感器信息的处理方法和技术。

（5）机器人控制　机器人控制以机器人的运动学和动力学为基础，主要研究内容有机器人控制方式和机器人控制策略。机器人常用的控制包括位置控制、力控制，以及力位混合控制等。

习　　题

1.1　请给出工业机器人的定义，并说明工业机器人有哪几种分类方法。

1.2　简述工业机器人由哪些子系统构成。

1.3　简述工业机器人的控制过程有什么特点。

1.4　工业机器人已经发展为独特形态的机械电子程序一体化的工业设备，简述你认为它在未来智慧工厂的应用情景。

第2章 机器人运动学

2.1 机器人学的数学基础

本章将介绍机器人正逆运动学。在此之前必须先描述机器人末端执行器和操作目标的空间位置和姿态。当所有的关节变量已知时，可用正运动学来确定机器人末端手的位姿。如果要使机器人末端手放在特定的点上并且具有特定的姿态，可用逆运动学来计算出每一关节变量的值。首先利用矩阵建立物体、位置、姿态及运动的表示方法，然后研究直角坐标型、圆柱坐标型及球坐标型等不同构型机器人的正逆运动学，最后利用 D-H 法来推导机器人的正逆运动学方程，这种方法适用于所有可能的机器人构型，并且不受机器人关节数量、顺序及关节轴之间是否存在偏移与扭曲等因素的干扰。

实际上，机械手型的机器人没有末端执行器。多数情况下，机器人上附有一个抓持器。根据实际应用，用户可为机器人附加不同的末端执行器。因此，末端执行器的大小和长度决定了机器人的末端位置，即末端执行器的长短不同，机器人的末端位置也不同。在本章中，假设机器人的末端是一个平板面，必要时可附加末端执行器。以后便称该平板面为机器人的“手”或“端面”。末端执行器的长度可以加到机器人的末端来确定末端执行器的位姿。值得注意的是，对于没有确定末端执行器长度的实际的机械手型机器人，它们只能根据端面的位姿来计算关节值。而端面的位姿可能会与用户感受到的位姿是不同的。

机器人在空间中运动时，我们需要在其特定三维工作空间中掌握各个物体之间的几何关系，这些物体包括操作手、组成自身的各个活动杆件、底座、末端执行器、抓持工具、待抓取物、障碍物等，它们之间的三维空间几何关系可用两个非常重要的特性来描述：位置和姿态。本章主要讲述刚体在空间中的描述方法，以及不同坐标系相互间转化的齐次变换方法，为后续的机器人运动学、动力学提供理论基础。

2.1.1 三维空间的位置与姿态

通常来说，机器人指的是至少包含有一个固定刚体和一个活动刚体的机器装置。其中，固定的刚体称为基座，而活动的刚体称为末端执行器。在两个部件之间会有若干连杆和关节来支撑末端执行器，并使其移动到一定的位置。

机器人的运动可以通过控制机器人（机械臂）上各关节的位置，设定关节运动的轨迹来实现。而首先需要做的就是获取机器人本身的位姿。所谓位姿，就是指机器人上每个关节在每一时刻的位置和姿态。这就需要确定描述空间物体位姿的方法，本书中使用空间坐标系来描述相关位姿。当得到位姿的描述以后，就可以利用各关节位姿之间的关系来描述机器人的整个运动链，进而得到机器人的基座坐标系和末端执行器坐标系之间的关系。

机器人的运动学模型包括机器人各连杆、关节的位置姿态以及在各关节上的坐标系，要对其运动学模型进行研究的首要任务就是确立机器人末端执行器的位姿。机器人的机械臂通常是由一组关节连接的连杆结合体：第一个连杆固定，连接该机械臂的基座，而最后一个连杆连接的是它的末端执行器。操作机器人是为了控制与机器人相关的零件、工具在三维空间中运动，因此需要描述相应的位置和姿态。

1. 位置描述

矩阵可用来表示点、向量、坐标系、平移、旋转及变化，还可以表示坐标系中的物体和其他运动部件。一旦建立了一个坐标系，就能够用某个 3×1 的位置矢量来确定该空间内任一点的位置，对于直角坐标系｛A｝，空间任一点 p 的位置可用3×1 的列矢量${}^{A}\boldsymbol{P}$ 来表示，即：

$$
{}^{A}\boldsymbol{P} = \begin{bmatrix} p_x \\ p_y \\ p_z \end{bmatrix} \tag{2.1}
$$

其中，p_x、p_y、p_z 是点 P 在坐标系｛A｝中的三个坐标分量。${}^{A}\boldsymbol{P}$ 的上标 A 代表参考坐标系｛A｝。称${}^{A}\boldsymbol{P}$ 为位置矢量，如图 2. 1 所示。

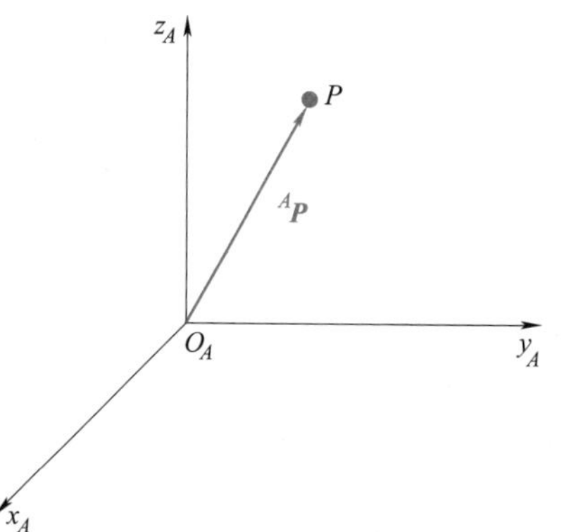

图 2. 1　位置表示

2. 姿态描述

空间中的物体还需要描述它的姿态（也称为方位），这用固定在物体上的坐标系｛B｝来描述。如图 2. 2 所示，为了规定空间某刚体 B 的方位，设一坐标系｛B｝与此刚体固连，用三个单位矢量 x_B、y_B、z_B 来表示坐标系｛B｝的主轴方向，因此物体相对于参考坐标系｛A｝的姿态可以用矢量 x_B、y_B、z_B 相对于参考坐标系｛A｝的方向余弦组成的 3×3 矩阵来表示，这个矩阵${}^{A}_{B}\boldsymbol{R}$ 称为旋转矩阵。

$$
{}^{A}_{B}\boldsymbol{R} = \begin{bmatrix} {}^{A}x_B & {}^{A}y_B & {}^{A}z_B \end{bmatrix} = \begin{bmatrix} r_{11} & r_{12} & r_{13} \\ r_{21} & r_{22} & r_{23} \\ r_{31} & r_{32} & r_{33} \end{bmatrix} \tag{2.2}
$$

用矢量两两之间的余弦则表示为：

$$
{}^{A}_{B}\boldsymbol{R} = \begin{bmatrix} \cos(x_A, x_B) & \cos(x_A, y_B) & \cos(x_A, z_B) \\ \cos(y_A, x_B) & \cos(y_A, y_B) & \cos(y_A, z_B) \\ \cos(z_A, x_B) & \cos(z_A, y_B) & \cos(z_A, z_B) \end{bmatrix} \tag{2.3}
$$

对应于 x、y 或 z 轴做旋转角为 θ 的旋转变换，其旋转矩阵分别为：

$$\boldsymbol{R}_x(\theta)=\begin{bmatrix}1 & 0 & 0\\ 0 & \cos\theta & -\sin\theta\\ 0 & \sin\theta & \cos\theta\end{bmatrix} \tag{2.4}$$

$$\boldsymbol{R}_y(\theta)=\begin{bmatrix}\cos\theta & 0 & \sin\theta\\ 0 & 1 & 0\\ -\sin\theta & 0 & \cos\theta\end{bmatrix} \tag{2.5}$$

$$\boldsymbol{R}_z(\theta)=\begin{bmatrix}\cos\theta & -\sin\theta & 0\\ \sin\theta & \cos\theta & 0\\ 0 & 0 & 1\end{bmatrix} \tag{2.6}$$

旋转矩阵${}^A_B\boldsymbol{R}$应具有以下几个特点：

1）3个主矢量两两垂直。

2）9个元素中，只有3个是独立的。

3）3个单位主矢量满足6个约束条件，即：

$${}^Ax_B\cdot{}^Ax_B={}^Ay_B\cdot{}^Ay_B={}^Az_B\cdot{}^Az_B=1 \tag{2.7}$$

$${}^Ax_B\cdot{}^Ay_B={}^Ay_B\cdot{}^Az_B={}^Ax_B\cdot{}^Az_B=0 \tag{2.8}$$

4）旋转矩阵为正交矩阵，并且满足以下条件：

$${}^A_B\boldsymbol{R}^{-1}={}^A_B\boldsymbol{R}^T,\ |{}^A_B\boldsymbol{R}|=1 \tag{2.9}$$

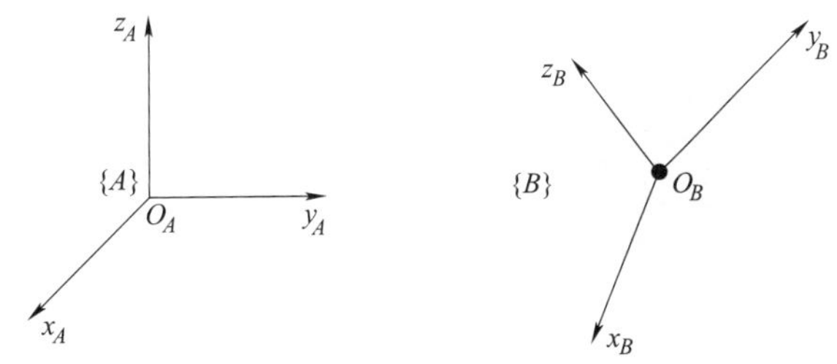

图2.2　空间中某刚体B的姿态描述

2.1.2　空间坐标的齐次变换

变换定义为在空间产生运动。当空间的坐标系（向量、物体或运动坐标系）相对于固定的参考坐标系运动时，这一运动可以用类似于表示坐标系的方式来表示。这是因为变换本身就是坐标系状态的变化（表示坐标系位姿的变化），因此变换可以用坐标系来表示。

齐次坐标是指在原有三维坐标的基础上，增加一维坐标而形成四维坐标，如空间点p的齐次坐标为$\boldsymbol{p}=(4,6,8,w)$，4、6、8分别对应p点在空间坐标系中的x、y、z轴坐标，w为其对应的比例因子。p点的齐次坐标的形式是不唯一的。例如，$\boldsymbol{p}=(4,6,8,1)$和$\boldsymbol{p}=(8,12,16,2)$表示的是同一个$p$点。当比例因子$w=0$时，该齐次坐标表示某一向量。例如，$\boldsymbol{x}=(1,0,0,0)$表示坐标系的$x$轴单位向量，$\boldsymbol{y}=(0,1,0,0)$表示坐标系的$y$轴单位向量，$\boldsymbol{z}=(0,0,1,0)$表示坐标系的$z$轴单位向量。

空间某点p在不同的参考系中有不同的描述，空间某向量以及空间某坐标系坐标轴的三个单位向量在不同的坐标系中的描述也各不相同，寻找这些不同描述的关系就要用到齐次变换的方法。

1. 平移齐次坐标变换

空间某点由矢量 $a\boldsymbol{i}+b\boldsymbol{j}+c\boldsymbol{k}$ 描述，其中 $\boldsymbol{i}$、$\boldsymbol{j}$、$\boldsymbol{k}$ 为轴 x、y、z 上的单位矢量，此点可用平移齐次变换表示为：

$$\mathbf{Trans}(a,b,c)=\begin{bmatrix}1&0&0&a\\0&1&0&b\\0&0&1&c\\0&0&0&1\end{bmatrix}\tag{2.10}$$

对已知矢量 $\boldsymbol{u}=(x,\ y,\ z,\ w)^{\mathrm{T}}$ 进行平移变换所得的矢量 $\boldsymbol{v}$ 为：

$$\boldsymbol{v}=\begin{bmatrix}1&0&0&a\\0&1&0&b\\0&0&1&c\\0&0&0&1\end{bmatrix}\begin{bmatrix}x\\y\\z\\w\end{bmatrix}=\begin{bmatrix}x/w+a\\y/w+b\\z/w+c\\1\end{bmatrix}\tag{2.11}$$

即可把此变换看成矢量 $(x/w)\boldsymbol{i}+(y/w)\boldsymbol{j}+(z/w)\boldsymbol{k}$ 与矢量 $a\boldsymbol{i}+b\boldsymbol{j}+c\boldsymbol{k}$ 之和。

2. 旋转齐次坐标变换

对应于 x、y、z 轴做转角位 θ 的旋转变换，分别可得：

$$\mathbf{Rot}(x,\theta)=\begin{bmatrix}1&0&0&0\\0&\cos\theta&-\sin\theta&0\\0&\sin\theta&\cos\theta&0\\0&0&0&1\end{bmatrix}\tag{2.12}$$

$$\mathbf{Rot}(y,\theta)=\begin{bmatrix}\cos\theta&0&\sin\theta&0\\0&1&0&0\\-\sin\theta&0&\cos\theta&0\\0&0&0&1\end{bmatrix}\tag{2.13}$$

$$\mathbf{Rot}(z,\theta)=\begin{bmatrix}\cos\theta&-\sin\theta&0&0\\\sin\theta&\cos\theta&0&0\\0&0&1&0\\0&0&0&1\end{bmatrix}\tag{2.14}$$

式中，**Rot** 表示旋转矩阵。

3. 平移与旋转齐次坐标组合变换

根据平移齐次坐标变换和旋转齐次坐标变换，空间某点由矢量 $a\boldsymbol{i}+b\boldsymbol{j}+c\boldsymbol{k}$ 描述，其中 $\boldsymbol{i}$、$\boldsymbol{j}$、$\boldsymbol{k}$ 分别为 x、y、z 轴上的单位矢量，然后对应于 x、y、z 轴做转角为 θ 的旋转变换，分别可得：

$$\boldsymbol{T}_x=\mathbf{Trans}(a,b,c)\cdot\mathbf{Trot}(x,\theta)=\begin{bmatrix}1&0&0&a\\0&\cos\theta&-\sin\theta&b\\0&\sin\theta&\cos\theta&c\\0&0&0&1\end{bmatrix}\tag{2.15}$$

$$T_y = \mathbf{Trans}(a,b,c) \cdot \mathbf{Trot}(y,\theta) = \begin{bmatrix} \cos\theta & 0 & \sin\theta & a \\ 0 & 1 & 0 & b \\ -\sin\theta & 0 & \cos\theta & c \\ 0 & 0 & 0 & 1 \end{bmatrix} \tag{2.16}$$

$$T_z = \mathbf{Trans}(a,b,c) \cdot \mathbf{Trot}(z,\theta) = \begin{bmatrix} \cos\theta & -\sin\theta & 0 & a \\ \sin\theta & \cos\theta & 0 & b \\ 0 & 0 & 1 & c \\ 0 & 0 & 0 & 1 \end{bmatrix} \tag{2.17}$$

2.1.3　坐标变换的仿真实例

下面是坐标变换的几个仿真实例。

1. 平移坐标变换实例

坐标系由原点（0，0，0）分别沿 x、y、z 轴平移 1、2、1 个单位。MATLAB 仿真代码如下。

平移坐标
变换实例

```
T0=transl(0,0,0)
T1=transl(1,2,1)
trplot(T0,'color','r')
hold on
trplot(T1,'color','g')
axis([-3 3 -3 3 -3 3])
tranimate(T0,T1)
```

图 2.3 所示为经过平移变换的坐标系。

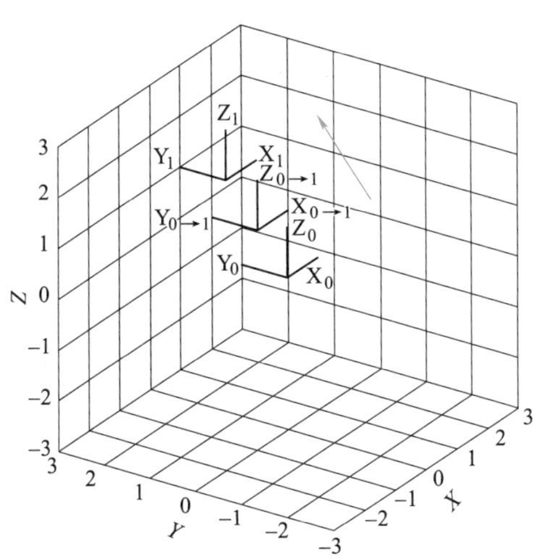

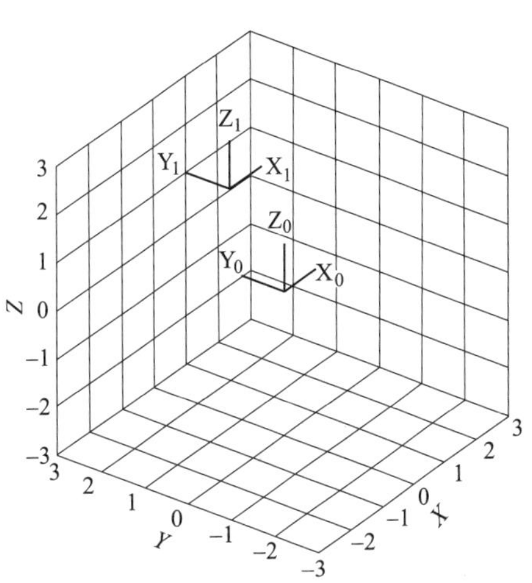

图 2.3　经过平移变换的坐标系

2. 旋转坐标变换实例

坐标系在原点位置绕 z 轴旋转 45°。具体仿真代码如下。

旋转坐标变换实例

```
T0=rotz(0)
T0=rotz(0)
T1=rotz(pi/4)
trplot(T0,'color','r')
axis([-1 1 -1 1 -1 1])
hold on
tranimate(T0,T1,'color','b')
```


图 2.4 所示为经过旋转变换的坐标系。

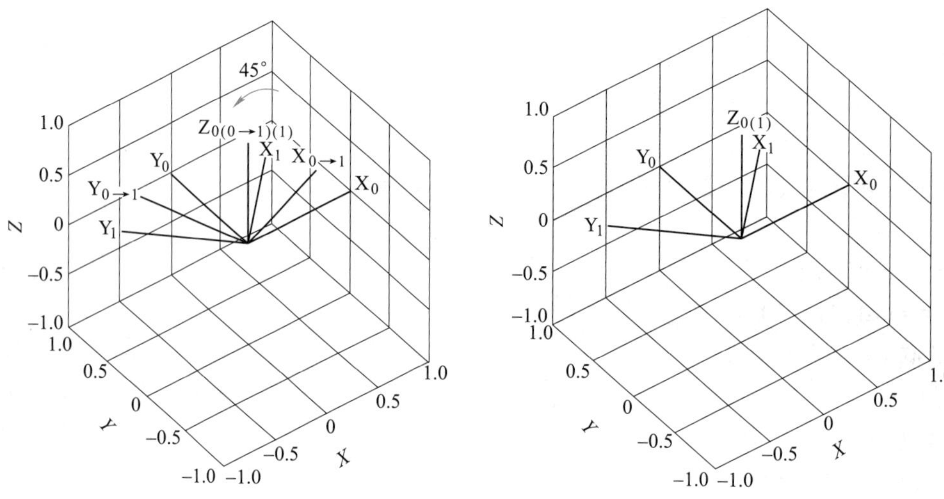

图 2.4 经过旋转变换的坐标系

3. 先平移再旋转实例

坐标系从原点位置（0，0，0）先分别沿着 x、y、z 轴平移 1、2、1 个单位，再绕 z 轴逆时针旋转 90°。具体仿真代码如下。

先平移再旋转实例

```
T0=transl(0,0,0)
T1=transl(1,2,1)
trplot(T0,'color','r')
hold on
trplot(T1,'color','g')
axis([-3 3 -3 3 -3 3])
tranimate(T0,T1)
T2=T1
T3=T2 * trotz(pi/2)
trplot(T2,'color','r')
hold on
trplot(T3,'color','g')
axis([-3 3 -3 3 -3 3])
tranimate(T2,T3)
```

图 2.5 所示为经过平移再旋转的坐标系。

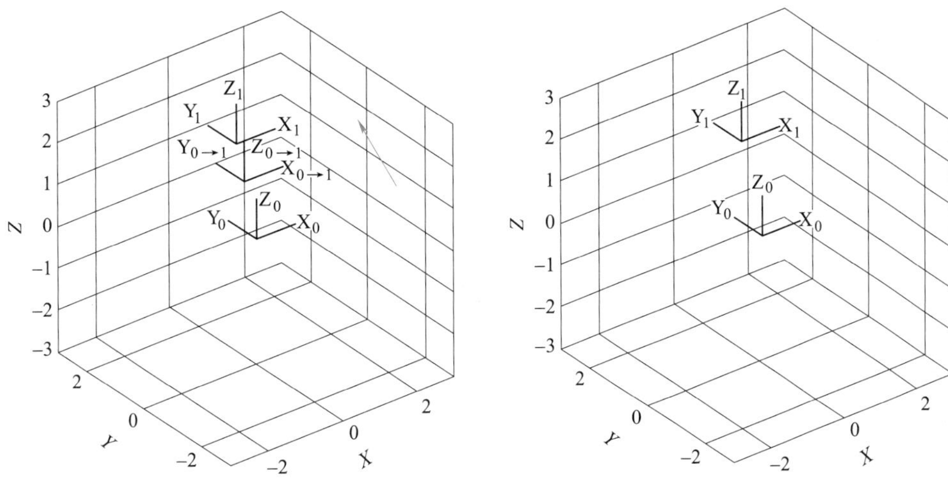

a) 平移

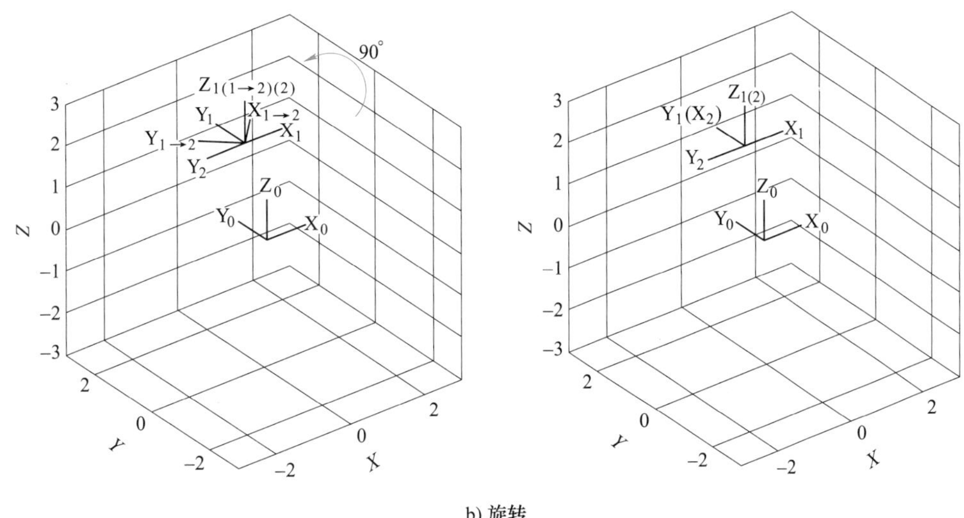

b) 旋转

图 2.5　经过平移再旋转的坐标系

4. 先旋转再平移实例

坐标系从原点位置（0，0，0）先绕 z 轴逆时针旋转 90°，再分别沿着 x、y、z 轴平移 1、2、1 个单位。

```
T0=trotz(0)
T1=trotz(pi/2)
trplot(T0,'color','r')
hold on
trplot(T1,'color','g')
axis([-3 3 -3 3 -3 3])
tranimate(T0,T1)
```

```
T2=T1
T3=transl(1,2,1) * T2
trplot(T2,'color','r')
hold on
trplot(T3,'color','g')
axis([-3 3 -3 3 -3 3])
tranimate(T2,T3)
```

图 2.6 所示为经过旋转再平移的坐标系。

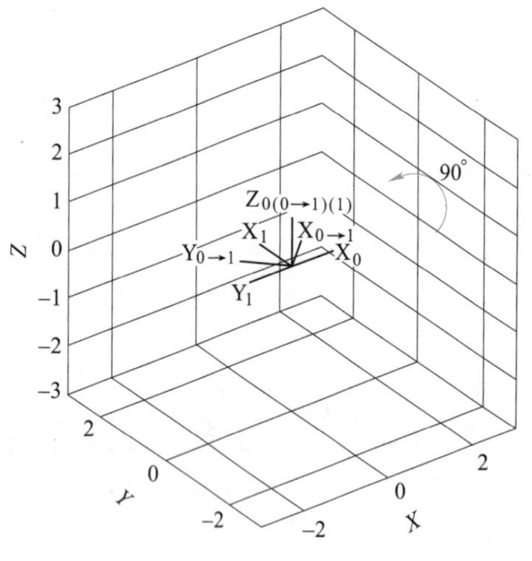

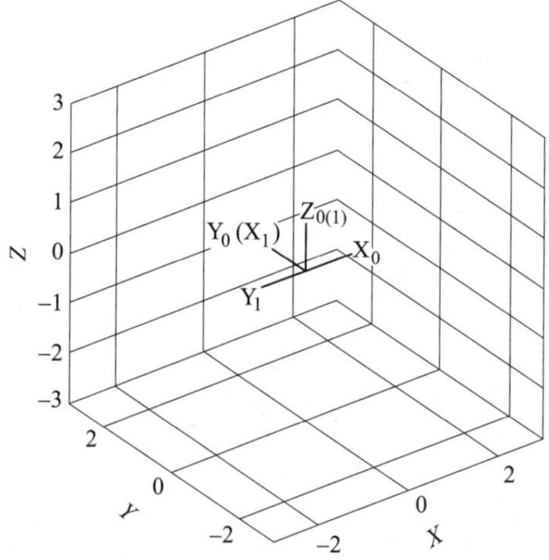

a) 旋转

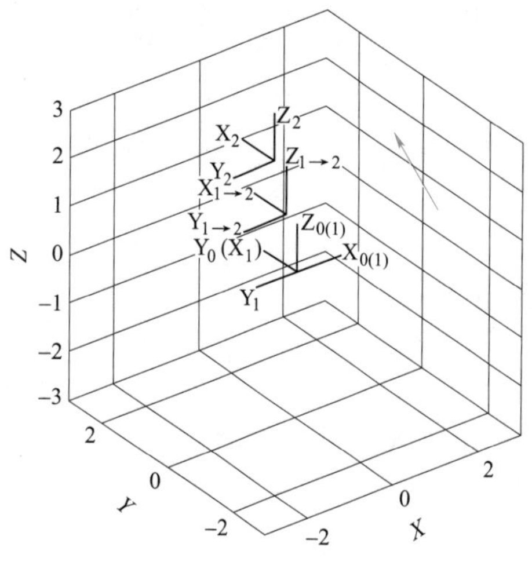

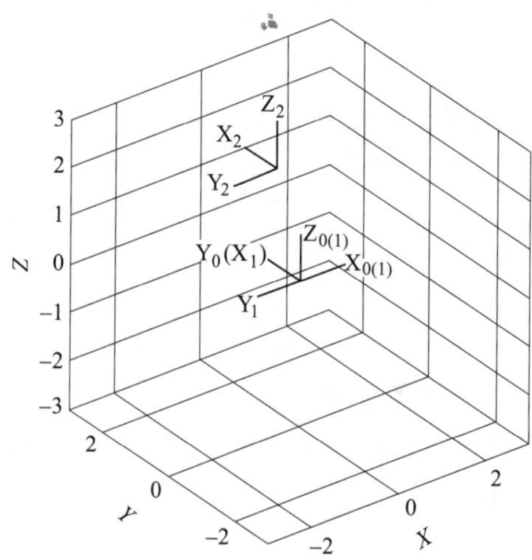

b) 平移

图 2.6 经过旋转再平移的坐标系

5. 旋转和平移同时进行实例

坐标系从原点位置分别沿着 x、y、z 轴平移 1、2、1 个单位，同时绕 z 轴逆时针旋转 90°。

```
T1=transl(0,0,0)
T2=transl(1,2,1)
T3=trotz(pi/2)
T4=T2 * T3
trplot(T1,'color','r')
hold on
trplot(T4,'color','g')
axis([-3 3 -3 3 -3 3])
tranimate(T4,'color','b')
```

旋转和平移同时进行实例

图 2.7 所示为旋转和平移同时进行的坐标系。

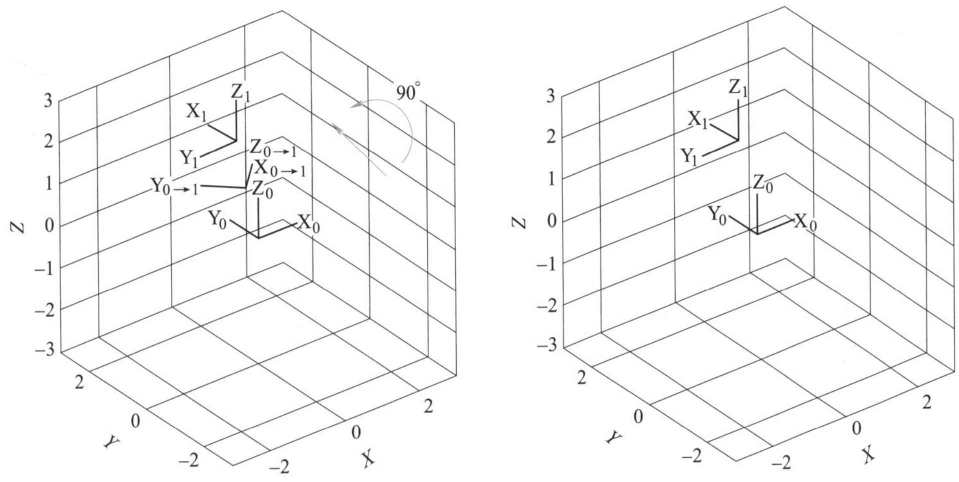

图 2.7　旋转和平移同时进行的坐标系

2.2　机器人运动学分析

运动学研究的是物体的运动，但不考虑物体的质量及引起这种运动的力。机器人正运动学是已知或给定一组关节角，计算出工具坐标系相对于基坐标系的位置和姿态，也就是说，用正运动学来确定机器人末端执行器的位姿。机器人逆运动学是给定机械臂末端执行器的位置和姿态，计算所有可到达给定位置和姿态的关节角。也就是说，末端执行器在特定的一个点具有特定的姿态，去计算出它所对应的每一关节变量的值。机器人运动学的研究方法，首先利用位姿描述、坐标系变换等数学方法确定物体位置，姿态和运动；然后确定不同结构类型的机器人的正逆运动学，这些类型包括直角坐标型、圆柱坐标型和球坐标型等，最后根据 D-H 参数法去推导机器人的正逆运动学方程。

2.2.1　机械臂正运动学分析

机器人本体，是机器人赖以完成作业任务的执行机构，一般是一台机械臂，也称操作臂或操作手，可以在确定的环境中执行控制系统指定的操作。典型工业机器人本体一般由手部（末端执行器）、腕部、臂部、腰部和基座构成。机械臂多采用关节式机械结构，一般具有6个自由度，其中3个用来确定末端执行器的位置，另外3个则用来确定末端执行装置的方向（姿势）。机械臂上的末端执行装置可以根据操作需要换成焊枪、吸盘、扳手等作业工具。

通常可将机械臂中的关节划分为两种：第一种称为转动关节（或称为旋转关节），转动关节可绕基准轴转动，相应的转动量称为关节角；第二种称为移动关节，移动关节是沿着基准轴移动，相应的位移量称为关节偏距。还有一种特殊的关节称为球关节，球关节拥有三个自由度，可以用三个转动关节和一个零长度的连杆来描述一个球关节。位于机械臂固定基座的坐标系称为基坐标系；位于操作臂末端执行器的坐标系称为工具坐标系，通常用它来描述机械臂的位置。

2.2.2 基于D-H法的正运动学

D-H模型描述了对机器人连杆和关节进行建模的一种非常简单的方法，可用于任何机器人构型，而与机器人的结构顺序和复杂程度无关。它也可用于表示已经讨论过的任何坐标中的变换，如直角坐标、圆柱坐标、球坐标、欧拉角坐标及RPY坐标等。另外，它也可以用于表示全旋转的链式机器人、SCARA机器人或任何可能的关节和连杆组合。

D-H法使用连杆参数来描述机构运动关系。如图2.8所示，在D-H参数法中，描述机械臂中的每一个连杆需要4个运动学参数，分别是连杆长度a_{i-1}、连杆转角α_{i-1}、连杆偏距d_i，和关节角θ_i，它们的定义如下：

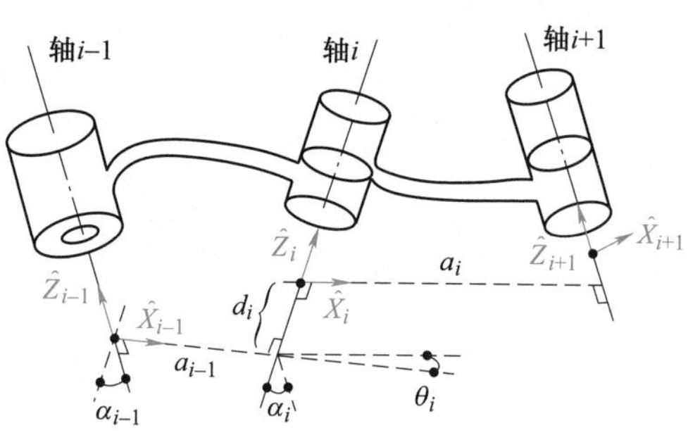

图2.8 D-H参数法示意图

1）连杆长度a_{i-1}：关节轴$i-1$和关节轴i之间公垂线的长度。

2）连杆转角α_{i-1}：第$i-1$个关节轴和第i个关节轴之间的夹角。

3）连杆偏距d_i：沿两个相邻连杆公共轴线方向的距离。

4）关节角θ_i：两相邻连杆绕公共轴线旋转的夹角。

用以上4个参数对应转动关节和移动关节，有两种情况：一是转动关节中，连杆长度、连杆转角和连杆偏距是固定不变的，关节角θ_i为变量；二是移动关节中，连杆长度、连杆转角和关节角是固定不变的，连杆偏距d_i为变量。

应重视以下几点：

1）x轴和z轴的选择可与所选动作线的任意一个方向相同，机器人的总变换不变，仅个别的矩阵和变量会受到影响。

2）附加的坐标系必须与关节数保持一致。

3）D-H法没有沿y轴的变换。因此若出现需要沿y轴的运动，则可能是出现了错误，或者需要在它们之间附加一个新坐标系。

4）D-H法可用于表示任何关节和连杆的构型，而不管它们是否使用已知的坐标系，如直角坐标、球坐标及欧拉坐标等。但是，如果存在连杆扭角或关节偏移，则这些已知的坐标系就不能使用了。

在图 2.8 中：①$\hat{Z}_i$ 为转动或移动轴的方向；②$\hat{X}_i$ 为沿着 a_i 方向与 $\hat{Z}_i$ 和 $\hat{Z}_{i+1}$两者垂直；③$\hat{Y}_i$ 与 $\hat{X}_i$ 和 $\hat{Z}_i$ 两者垂直，遵循右手定则。

结合图 2.8，对变量解释见表 2-1。

表 2.1　连杆参数表

名称		含　义	“±”号	性　质
α_{i-1}	转角	以 $\hat{X}_{i-1}$方向看，$\hat{Z}_{i-1}$和 $\hat{Z}_i$ 之间的夹角	右手法则	常量
a_{i-1}	长度	沿着 $\hat{X}_{i-1}$方向，$\hat{Z}_{i-1}$和 $\hat{Z}_i$ 之间的距离	与 $\hat{X}_{i-1}$正向一致	常量
θ_i	关节角	以 $\hat{Z}_i$ 方向看，$\hat{X}_{i-1}$和 $\hat{X}_i$ 之间的夹角	右手法则	转动关节为变量， 移动关节为常量
d_i	距离	沿着 $\hat{Z}_i$ 方向，$\hat{X}_{i-1}$和 $\hat{X}_i$ 之间的距离	沿 $\hat{Z}_i$ 正向为正	转动关节为常量， 移动关节为变量

机械手结构确定后，连杆的几何参数是确定的，变换的是关节变量，即：连杆参数中的连杆长度 a_{i-1}、连杆转角 α_{i-1}不变，关节参数中的关节偏置 d_i、关节转角 θ_i 发生变化。

在 D-H 法分析中，连杆坐标系｛i｝相对于｛$i-1$｝的变换${}_{i}^{i-1}\boldsymbol{T}$ 称为连杆变换矩阵，连杆变换矩阵${}_{i}^{i-1}\boldsymbol{T}$ 相当于坐标系｛i｝经过以下个变换得到。

1）绕 $\hat{X}_{i-1}$轴旋转 α_{i-1}，使得 $\hat{Z}_{i-1}$与 $\hat{Z}_i$ 平行，如图 2.9a 所示。

2）沿 $\hat{X}_{i-1}$轴移动 a_{i-1}，使得 $\hat{Z}_{i-1}$与 $\hat{Z}_i$ 在同一直线上，如图 2.9b 所示。

3）绕 $\hat{Z}_i$ 轴旋转 θ_i，使得 $\hat{X}_{i-1}$转到与 $\hat{X}_i$ 平行，如图 2.9c 所示。

4）沿 $\hat{Z}_i$ 轴移动 d_i，使得连杆坐标系｛i｝的原点与｛$i-1$｝的原点重合，如图 2.9d 所示。由此可得旋转变换矩阵为：

$$
\begin{aligned}
{}_{i}^{i-1}\boldsymbol{T} &= \mathbf{Rot}(x,\alpha_{i-1})\cdot\mathbf{Trans}(x,a_{i-1})\cdot\mathbf{Rot}(z,\theta_i)\cdot\mathbf{Trans}(z,d_i)\\
&=\begin{bmatrix}1&0&0&0\\0&\cos\alpha_{i-1}&-\sin\alpha_{i-1}&0\\0&\sin\alpha_{i-1}&\cos\alpha_{i-1}&0\\0&0&0&1\end{bmatrix}
\begin{bmatrix}1&0&0&a_{i-1}\\0&1&0&0\\0&0&1&0\\0&0&0&1\end{bmatrix}
\begin{bmatrix}\cos\theta_i&-\sin\theta_i&0&0\\\sin\theta_i&\cos\theta_i&0&0\\0&0&1&0\\0&0&0&1\end{bmatrix}
\begin{bmatrix}1&0&0&0\\0&1&0&0\\0&0&1&d_i\\0&0&0&1\end{bmatrix}\\
&=\begin{bmatrix}\cos\theta_i&-\sin\theta_i&0&a_{i-1}\\\sin\theta_i\cos\alpha_{i-1}&\cos\theta_i\cos\alpha_{i-1}&-\sin\alpha_{i-1}&-d_i\sin\alpha_{i-1}\\\sin\theta_i\sin\alpha_{i-1}&\cos\theta_i\sin\alpha_{i-1}&\cos\alpha_{i-1}&d_i\cos\alpha_{i-1}\\0&0&0&1\end{bmatrix}
\end{aligned}
$$

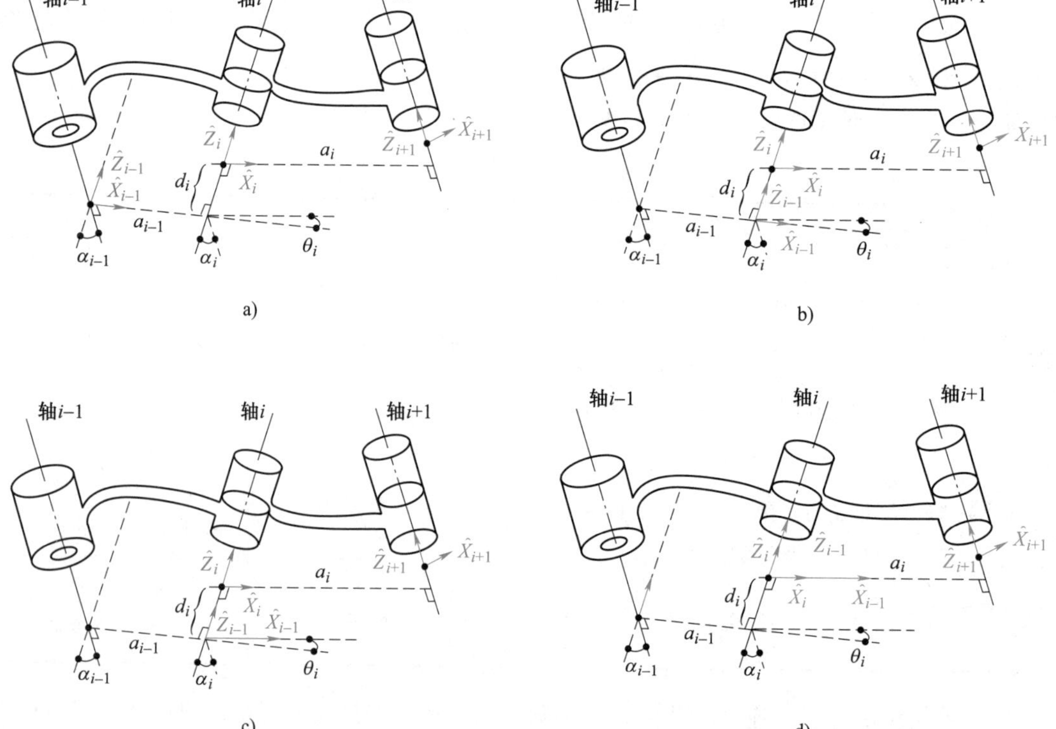

图 2.9　D-H 法矩阵变换过程

2.2.3　正运动学仿真

如果已知某时刻机械臂各关节变量，根据 2.2.2 节分析可以求出末端执行器的位姿矩阵，从而明确它的位置和姿态，这个问题又称为正向运动学变换（Forward Kinematics Transform），也就是由关节空间向直角坐标空间的变换。此时各关节变量的取值已知，可以据此计算出各杆位置组合后的最终姿势。

例题 2.1：如图 2.10 所示的平面三连杆机构，已知手臂长 l_1、l_2 和 l_3，关节变量 θ_1、θ_2 和 θ_3，试求末端执行器位姿矩阵。

解：建立机械臂各杆的坐标系，如图 2.10 所示。由图 2.10 列出 D-H 参数，见表 2.2。

表 2.2　平面三连杆机构 D-H 参数

i	α_{i-1}	a_{i-1}	b_i	θ_i
1	0	0	0	θ_1
2	0	l_1	0	θ_2
3	0	l_2	0	θ_3

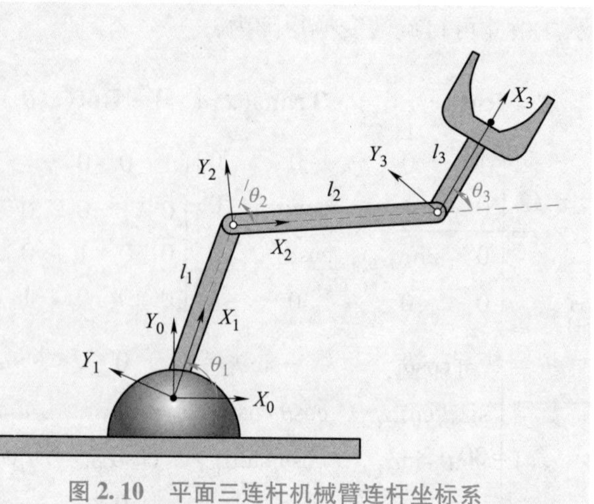

图 2.10　平面三连杆机械臂连杆坐标系

根据表 2.2 给出的 D-H 参数，可得旋转变换矩阵（即末端执行器位姿矩阵）如下：

$$
{}_1^0\boldsymbol{T}=\begin{bmatrix}\cos\theta_1 & -\sin\theta_1 & 0 & 0\\ \sin\theta_1 & \cos\theta_1 & 0 & 0\\ 0 & 0 & 1 & 0\\ 0 & 0 & 0 & 1\end{bmatrix}
$$

$$
{}_2^1\boldsymbol{T}=\begin{bmatrix}\cos\theta_2 & \sin\theta_2 & 0 & l_1\\ -\sin\theta_2 & \cos\theta_2 & 0 & 0\\ 0 & 0 & 1 & 0\\ 0 & 0 & 0 & 1\end{bmatrix}
$$

$$
{}_3^2\boldsymbol{T}=\begin{bmatrix}\cos\theta_3 & -\sin\theta_3 & 0 & l_2\\ \sin\theta_3 & \cos\theta_3 & 0 & 0\\ 0 & 0 & 1 & 0\\ 0 & 0 & 0 & 1\end{bmatrix}
$$

$$
\begin{aligned}
{}_1^0\boldsymbol{T}{}_2^1\boldsymbol{T}{}_3^2\boldsymbol{T}&=\begin{bmatrix}\cos\theta_1 & -\sin\theta_1 & 0 & 0\\ \sin\theta_1 & \cos\theta_1 & 0 & 0\\ 0 & 0 & 1 & 0\\ 0 & 0 & 0 & 1\end{bmatrix}\begin{bmatrix}\cos\theta_2 & \sin\theta_2 & 0 & l_1\\ -\sin\theta_2 & \cos\theta_2 & 0 & 0\\ 0 & 0 & 1 & 0\\ 0 & 0 & 0 & 1\end{bmatrix}\begin{bmatrix}\cos\theta_3 & -\sin\theta_3 & 0 & l_2\\ \sin\theta_3 & \cos\theta_3 & 0 & 0\\ 0 & 0 & 1 & 0\\ 0 & 0 & 0 & 1\end{bmatrix}\\
&=\begin{bmatrix}\sin\theta_1\sin\theta_2+\cos\theta_1\cos\theta_2 & \sin\theta_2\cos\theta_1-\sin\theta_1\cos\theta_2 & 0 & l_1\cos\theta_1\\ \sin\theta_1\cos\theta_2-\sin\theta_2\cos\theta_1 & \sin\theta_1\sin\theta_2+\cos\theta_1\cos\theta_2 & 0 & l_1\sin\theta_1\\ 0 & 0 & 1 & 0\\ 0 & 0 & 0 & 1\end{bmatrix}\\
&\quad\begin{bmatrix}\cos\theta_3 & -\sin\theta_3 & 0 & l_2\\ \sin\theta_3 & \cos\theta_3 & 0 & 0\\ 0 & 0 & 1 & 0\\ 0 & 0 & 0 & 1\end{bmatrix}\\
&=\begin{bmatrix}\cos(\theta_1-\theta_2+\theta_3) & -\sin(\theta_1-\theta_2+\theta_3) & 0 & l_1\cos\theta_1+l_2\cos(\theta_1-\theta_2)\\ \sin(\theta_1-\theta_2+\theta_3) & \cos(\theta_1-\theta_2+\theta_3) & 0 & l_1\sin\theta_1+l_2\sin(\theta_1-\theta_2)\\ 0 & 0 & 1 & 0\\ 0 & 0 & 0 & 1\end{bmatrix}
\end{aligned}
$$

2.2.4　正运动学仿真实例

1）调用 MATLAB 机器人工具箱，使用 D-H 参数法设置三连杆机械臂杆长分别为 30、50、40；关节角、连杆偏距、连杆转角都为 0°。利用 Link 函数创建机械臂，构造 SerialLink 函数定义机械臂，生成二自由度机械臂；再通过 teach 函数使机械臂的运动可视化。仿真代码及结果如下。

```
a1=30;
a2=50;
```

```
a3=40;
L(1)=Link([0 0 a1 0])
L(2)=Link([0 0 a2 0])
L(3)=Link([0 0 a3 0])
robot=SerialLink(L)
teach(robot)
```

图 2.11 所示为使用 D-H 参数法创建的机械臂。

图 2.12 所示为经过平移变换的机械臂。

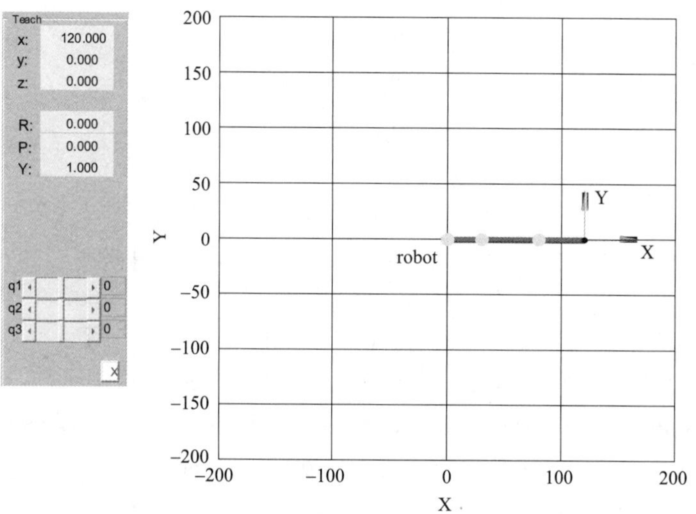

图 2.11　使用 D-H 参数法创建的机械臂

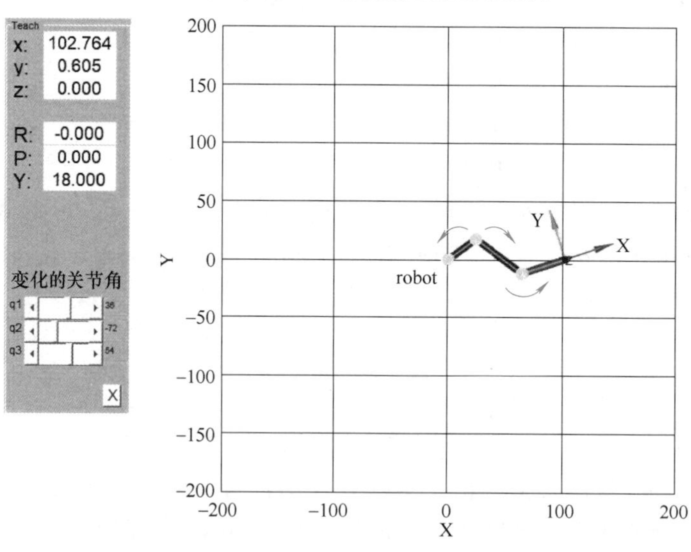

图 2.12　经过平移变换的机械臂

2）调用 MATLAB 机器人工具箱，使用 D-H 参数法设置三连杆机械臂的连杆 1 杆长为 30，连杆转角为 90°，关节角为 0°，连杆偏距为 0；连杆 2 的杆长为 50，连杆偏距为 20，关节角和连杆转角都为 0°；连杆 3 的杆长为 40，关节角和连杆转角都为 0°，连杆偏距为 0。

利用 Link 函数创建机械臂，构造 SerialLink 函数定义机械臂，生成三自由度机械臂；再通过 teach 函数使机械臂的运动可视化。仿真代码及结果如下。

```
L_1=30;
L_2=50;
L_3=40;
L(1)=Link([0 0 L_1 pi/2])
L(2)=Link([0 20 L_2 0])
L(3)=Link([0 0 L_3 0])
Robot=SerialLink(L);
teach(Robot)
```

图 2.13 所示为使用 D-H 参数法创建的机械臂。

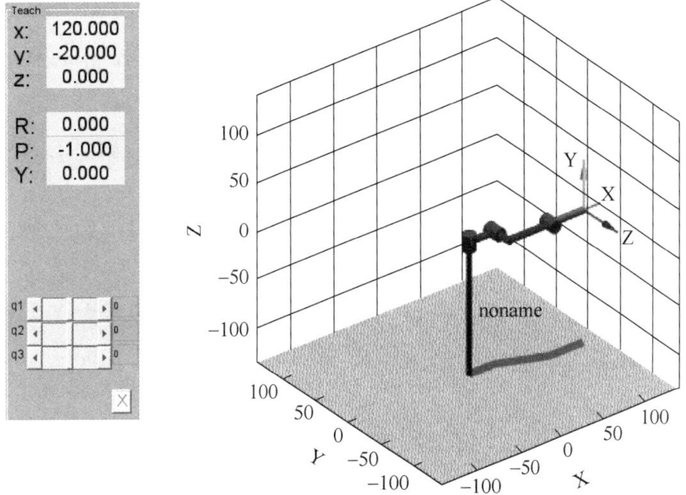

图 2.13　使用 D-H 参数法创建的机械臂

图 2.14 所示为经过旋转变换的机械臂。

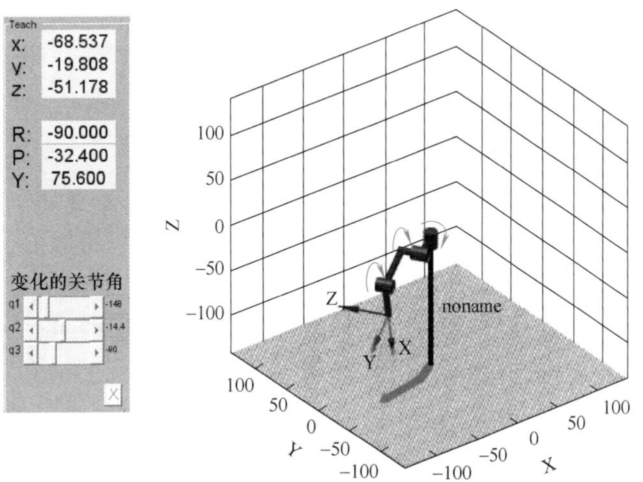

图 2.14　经过旋转变换的机械臂

2.2.5 机械臂逆运动学分析

机器人逆运动学的问题即已知机械臂末端的工具坐标系相对于基坐标系的位置和姿态，计算所有能够到达给定位置和姿态的关节角，即已知变换矩阵${}_N^0T$，计算出能够得到${}_N^0T$的一系列关节角θ_1，θ_2，…，θ_n。

对于以上的问题，有以下3种情况。

1）无解。当所期望的位姿离基坐标系太远，而机械臂不够长时，末端执行器无法达到该位姿；当机械臂的自由度少于6个时，它将不能达到三维空间的所有位姿；此外，对于实际中的机械臂，关节角不一定能到达360°，使得它不能达到某些范围内的位姿。在以上的情况中，机械臂都不能达到某些给定的位姿，因此无解。

2）唯一解。当机械臂只能从一个方向达到期望的位姿时，只存在一组关节角使得它能到达这个位姿，即存在唯一的解。

3）多个解。当机械臂能从多个方向达到期望的位姿时，存在着多组关节角能使得它到达这个位姿，即存在多个解。此时，需要选择一组最适合的解：一是要考虑机械臂从初始位姿移动到期望位姿的“最短路程”，从而得到相应的解；二是要考虑在机械臂移动的过程中是否会遇到障碍，应选择无障碍的一组解。

由上述可知，工业机械臂的逆运动学求解通常是非线性方程组的求解，没有通用的求解算法。通常把逆运动学求解方法分为数值解法和封闭解法，数值解法的本质是递推求解，相比而言，它比封闭解法的求解速度要慢很多，而且工业用的机械臂大多是属于有封闭解的机械臂。以下将对封闭解法进行分析，封闭解法主要分为代数法与几何法。

1. 代数法

根据2.2.3节中的正运动学分析，结合图2.15，设机械臂腕关节的位置坐标为$\boldsymbol{Q}$（q_x，q_y），姿态角$\varphi=\theta_1-\theta_2+\theta_3$，机械臂执行端坐标为$\boldsymbol{P}$（$p_x$，$p_y$），基于D-H坐标系的机械臂运动学矩阵如下：

$$
{}_3^0\boldsymbol{T}={}_1^0\boldsymbol{T}\cdot{}_2^1\boldsymbol{T}\cdot{}_3^2\boldsymbol{T}=\begin{bmatrix} c_{123} & -s_{123} & 0 & l_1c_1+l_2c_{12} \\ s_{123} & c_{123} & 0 & l_1s_1+a_2s_{12} \\ 0 & 0 & 1 & 0 \\ 0 & 0 & 0 & 1 \end{bmatrix}
$$

由图2.15平面三连杆机械臂代数法求逆运动学可知：

$$
\begin{cases} p_x=l_1\cos\theta_1+l_2\cos(\theta_1-\theta_2)+l_3\cos(\theta_1-\theta_2+\theta_3) & (2.18) \\ p_y=l_1\sin\theta_1+l_2\sin(\theta_1-\theta_2)+l_3\sin(\theta_1-\theta_2+\theta_3) & (2.19) \end{cases}
$$

再由矩阵两边对应相等，结合式（2.18）和式（2.19），可得腕部坐标$\boldsymbol{Q}$（q_x，q_y）的表达式为：

$$
\begin{cases} q_x=p_x-l_3\cos(\theta_1-\theta_2+\theta_3)=l_1\cos\theta_1+l_2\cos(\theta_1-\theta_2) & (2.20) \\ q_y=p_y-l_3\sin(\theta_1-\theta_2+\theta_3)=l_1\sin\theta_1+l_2\sin(\theta_1-\theta_2) & (2.21) \end{cases}
$$

由式（2.20）和式（2.21）可得：

$$
q_x^2+q_y^2=l_1^2+l_2^2+2l_1l_2\cos\theta_2 \tag{2.22}
$$

由式（2.22）可求出：

$$\cos\theta_2 = \frac{q_x^2 + q_y^2 - l_1^2 - l_2^2}{2l_1l_2} \tag{2.23}$$

式（2.23）有解的条件是等式右边值的区间为［-1，1］，如果此约束条件不满足，则表明目标点超出了机械臂的可达工作空间，其逆运动学方程无解。

假设目标点在机械臂的工作空间内，则

$$\sin\theta_2 = \pm\sqrt{1-(\cos\theta_2)^2} \tag{2.24}$$

由式（2.23）和式（2.24）可得：

$$\theta_2 = a\tan\frac{2\sin\theta_2}{\cos\theta_2} \tag{2.25}$$

式（2.25）的求解应用了双变量反正切公式，用 $a$tan2（y/x_2）计算 arctan（y/x）时，可根据 x 和 y 的符号来判别求得的角所在的象限。

根据 θ_2 的值，带入式（2.20）和式（2.21），可得：

$$\sin\theta_1 = \frac{(l_1 + l_2\cos\theta_2)q_y + l_2\sin\theta_2 q_x}{q_x^2 + q_y^2} \tag{2.26}$$

$$\cos\theta_1 = \frac{(l_1 + l_2\cos\theta_2)q_x - l_2\sin\theta_2 q_y}{q_x^2 + q_y^2} \tag{2.27}$$

进而可求得：

$$\theta_1 = a\tan\frac{2\sin\theta_1}{\cos\theta_1}$$

结合求出的 θ_1 与 θ_2，可得：

$$\theta_3 = \varphi + \theta_2 - \theta_1$$

则三个关节角 θ_1、θ_2 和 θ_3 应用代数法全部解出。

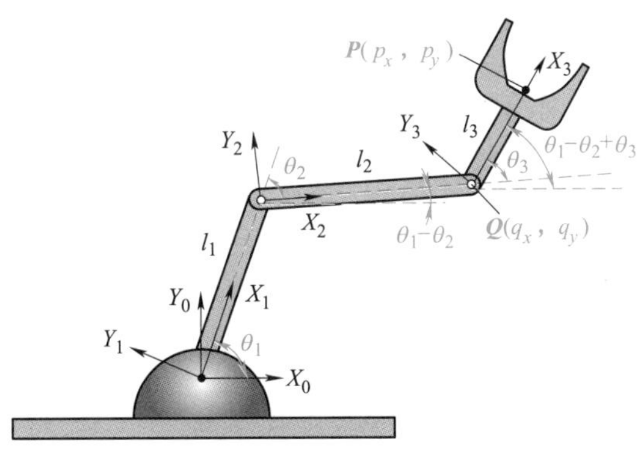

图 2.15　平面三连杆机械臂代数法求逆运动学

2. 几何法

不同于前一节采用代数法来求解关节角，本节采用几何法进行求解时，需要将机械臂的空间几何参数分解成平面几何问题。

如图 2.16 所示，杆长 l_1、杆长 l_2、坐标系 1 的原点 O_1、坐标系 3 的原点 O_3 的连线组成一个三角形，在三角形中，由余弦定理可得：

$$q_x^2 + q_y^2 = l_1^2 + l_2^2 - 2l_1l_2\cos(\pi - \theta_2) \tag{2.28}$$

又因为 $\cos(\pi-\theta_2)=-\cos\theta_2$，所以有：

$$\cos\theta_2=\frac{q_x^2+q_y^2-l_1^2-l_2^2}{2l_1l_2}$$

可得：$\theta_2=\arccos\theta_2$。

为了得到 θ_1，需先计算图 2.16 中的 β 和 γ，如式（2.29）和式（2.30）所示。

$$\tan\beta=\frac{q_y}{q_x} \tag{2.29}$$

$$\cos\gamma=\frac{l_1^2+q_x^2+q_y^2-l_2^2}{2l_1\sqrt{q_x^2+q_y^2}} \tag{2.30}$$

可求得：

$$\beta=a\tan\frac{2q_y}{q_x}$$

$$\gamma=\arccos\frac{l_1^2+q_x^2+q_y^2-l_2^2}{2l_1\sqrt{q_x^2+q_y^2}}$$

进而可得：$\theta_1=\beta+\gamma$。

结合求出的 θ_1 与 θ_2，可得：$\theta_3=\varphi+\theta_2-\theta_1$。

需强调的是，以上计算过程仅仅给出了图 2.16 实线连杆所示姿态位置的关节角度关系，当平面三连杆机构为如图 2.16 虚线连杆所示姿态，即坐标 3 能够达到相同位置时，连杆机构的另一种可能情况，此时则有：$\theta_1=\beta-\gamma$。

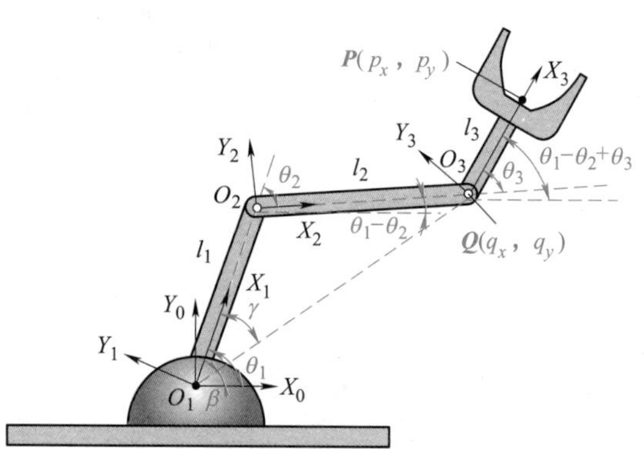

图 2.16 平面三连杆机械臂几何法求逆运动学

2.2.6 逆运动学仿真实例

1. 封闭解法

在封闭解法中，使用 ikine（）求解逆运动学问题，它只适用于关节数为 6，且腕部三个旋转关节的轴相交于一个点的情况。这种解法使用显示控制的方法对机械臂运动学进行配置，使得在存在多个解的情况下，能够指定一定的配置，得到一个唯一的解。

以 Kuka KR5 机器人为例，对机器人的逆运动学问题进行封闭解法的求解。调用 MATLAB 里的机器人工具箱，加载机器人 KR5 模型，给定一组关节角［0，0，pi/4，0，pi/2，0］，可得出按关节角旋转达到的位姿矩阵 $\boldsymbol{T}$，并且可以由 $\boldsymbol{T}$ 求出使得末端执行器达到相同位姿的两组不同的旋转关节角。其中，q_2 是指定配置得到的一个目标解。

仿真代码如下：

```
%MATLAB 代码
mdl_KR5
qn=[0 0 pi/4 0 pi/2 0];
```

```
T=KR5.fkine(qn);
q1=KR5.ikine6s(T);
q2=KR5.ikine6s(T,'run');
KR5.plot(q1);%对应输入 q1、q2
```

图 2.17 所示为封闭解——两组不同的关节角使得末端执行器达到同样的位姿。

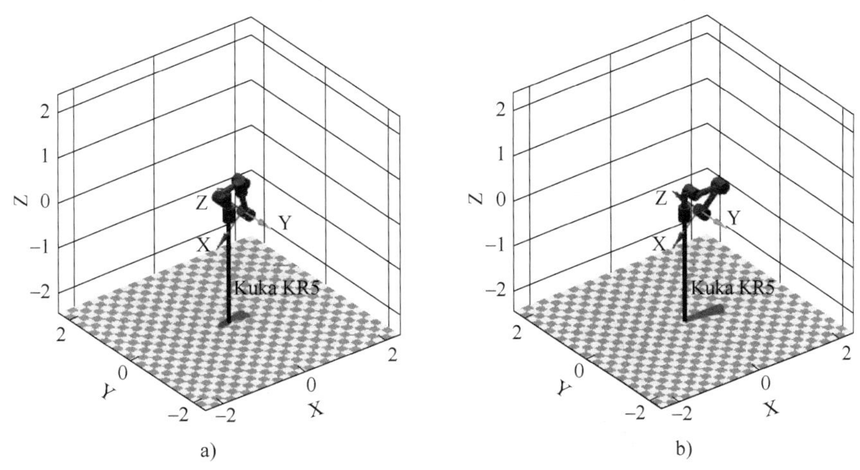

图 2.17　封闭解——两组不同的关节角使得末端执行器达到同样的位姿

按给定关节角得到的位姿矩阵 $\boldsymbol{T}$ 如下。

$$\boldsymbol{T}=\begin{bmatrix} -0.7071 & -0.0000 & -0.7071 & 0.3451 \\ -0.0000 & -1.0000 & 0.0000 & -0.0000 \\ -0.7071 & 0.0000 & 0.7071 & -0.0419 \\ 0 & 0 & 0 & 1.0000 \end{bmatrix}$$

达到相同位姿的两组不同关节角分别为:

$$q_1=[3.1416 \quad -3.3226 \quad 3.1775 \quad 3.1416 \quad 2.5731 \quad 0.0000]$$

$$q_2=[-0.0000 \quad 0.0000 \quad 0.7854 \quad -0.0000 \quad 1.5708 \quad 0.0000]$$

2. 数值解法

数值解的方法使用 ikine ( ) 求解逆运动学的问题，可适用于各种关节数目的机械臂，通过设定初始的关节角坐标对机械臂运动学配置进行隐式控制。

以 Puma560 机器人为例，对机器人的逆运动学问题进行数值解法的求解。调用 MATLAB 里的机器人工具箱，加载机器人 Puma560 模型，给定一组关节角 [0, pi/3, pi, pi/2, pi/4, 0]，得出按关节角旋转达到的位姿矩阵 $\boldsymbol{T}$。未设定初始关节角坐标，使用 ikine ( ) 进行求解得出 q_1；设定初始关节角坐标，使用 ikine ( ) 进行求解得出 q_2。

仿真代码如下:

```
%MATLAB 代码
mdl_puma560
qn=[0,pi/3,pi,pi/2,pi/4,0];
T=p560.fkine(qn);
```

```
q1=p560.ikine(T);
q2=p560.ikine(T,[1 0 3 2 0 0]);
p560.plot(q1);%对应输入 q1、q2
```

如图 2.18 是数值解——两组不同的关节角使得末端执行器达到同样的位姿。

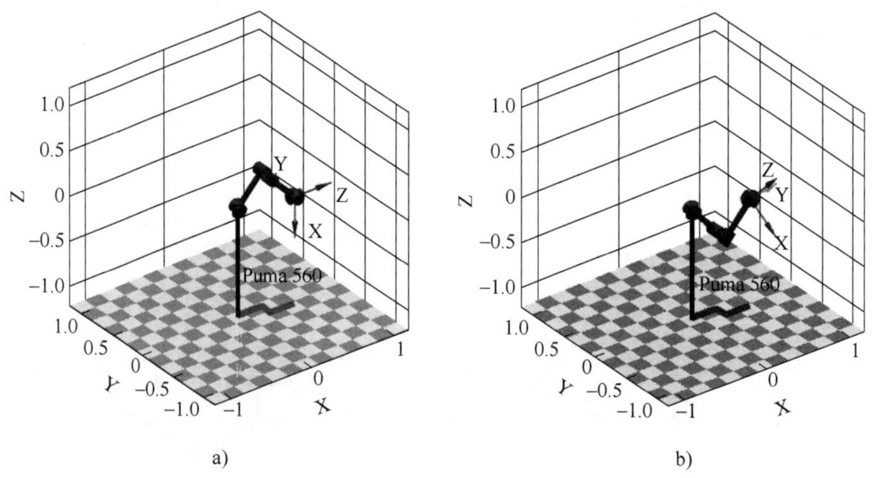

图 2-18 数值解——两组不同的关节角使得末端执行器达到同样的位姿

按给定关节角得到的位姿矩阵 $\boldsymbol{T}$ 如下：

$$\boldsymbol{T}=\begin{bmatrix} 0.6124 & 0.5000 & 0.6124 & 0.5797 \\ 0.7071 & 0.0000 & -0.7071 & -0.1500 \\ -0.3536 & 0.8660 & -0.3536 & 0.1405 \\ 0 & 0 & 0 & 1.0000 \end{bmatrix}$$

达到相同位姿的两组不同关节角分别为：

$$q_1=[-0.0000 \quad -0.5717 \quad 0.0940 \quad -1.1880 \quad 1.3037 \quad 1.7728]$$

$$q_2=[-0.0000 \quad 0.0001 \quad -0.0003 \quad 1.7553 \quad -0.0002 \quad -1.7147]$$

习 题

2.1 有一旋转变换，先绕固定坐标系的 z_0 轴转 45°，再绕其 x_0 轴转 30°，最后绕其 y_0 轴转 60°，试求该齐次变换矩阵。

2.2 坐标系 {B} 起初与固定坐标系 {0} 相重合，先将坐标系 {B} 绕 z_B 旋转 30°。然后绕旋转后的动坐标系的 x_B 轴旋转 45°，试写出该坐标系 {B} 的起始矩阵表达式和最终矩阵表达式。

2.3 写出齐次变换矩阵 ${}^{A}_{B}\boldsymbol{H}$，它表示坐标系 {B} 连续相对固定坐标系 {A} 做以下变换：

1）绕 z_A 轴旋转 90°；

2）绕 x_A 轴旋转−90°；

3）移动 $[3 \quad 7 \quad 9]^{\mathrm{T}}$。

2.4 如图 2.19 所示二自由度平面机械手，关节 1 为转动关节，关节变量为 θ_1，关节 2 为移动关节，关节变量为 d_2。

1）建立关节坐标系，并写出该机械手的运动方程式。

2）按下列关节变量参数，求出手部中心的位置图。

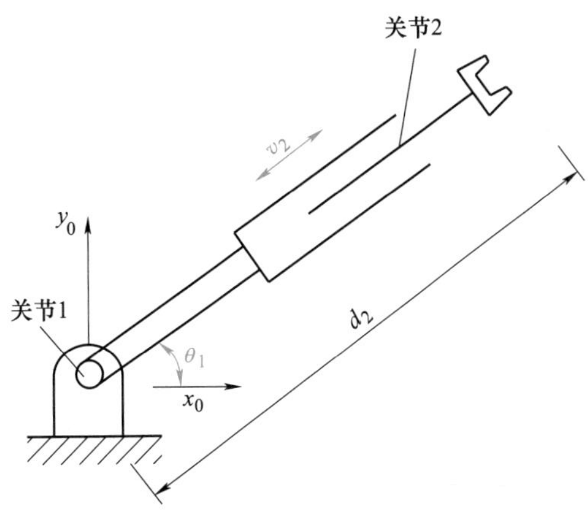

图 2.19　二自由度平面机械手

第3章
速度与静力学

机器人机械臂是一个多刚体系统，像刚体静力平衡一样，整个机器人系统在外载荷和关节驱动力矩（驱动力）的作用下将取得静力平衡；也像刚体在外力作用下发生运动变化一样，整个机器人系统在关节驱动力矩（驱动力）的作用下将发生运动。本章将介绍刚体线速度和角速度的表示方法，并且运用这些概念去分析操作臂的运动，也将讨论作用在刚体上的力，研究操作臂静力学的应用问题。

3.1 机器人连杆速度

在机器人连杆运动分析中，一般使用连杆坐标系 {0} 作为参考坐标系，因此，v_i 是连杆坐标系 {i} 原点的线速度，ω_i 是连杆坐标系 {i} 的角速度。

在任一瞬时，机器人的每个连杆都具有一定的线速度和角速度。图 3.1 所示为连杆 i 的矢量，这个例子表明，这些矢量均是在坐标系 {i} 中描述的。

现在讨论计算机器人连杆线速度和角速度的问题。操作臂是一个链式结构，每一个连杆的运动都与它的相邻杆有关。由于这种结构的特点，我们可以由基坐标系依次计算各连杆的速度，连杆 $i+1$ 的速度就是连杆 i 的速度加上那些附加到关节 $i+1$ 上的新的速度分量。

图 3.1 中连杆 i 的速度可以用矢量$\boldsymbol{v}_i$ 和 $\boldsymbol{\omega}_i$ 确定，在任何坐标系中均可以这样表示，包括坐标系 {i}。

如图 3.1 所示，将机构的每一个连杆看作一个刚体，可以用线速度矢量和角速度描述其运动。进一步，我们可以用连杆坐标系本身描述这些速度，而不用基坐标系。图 3.2 为连杆 i 和 $i+1$，以及在连杆坐标系中定义的速度矢量。

当两个 ω 矢量都是相对于同一个坐标系时，这些角速度能够相加，因此，连杆角速度就等于连杆 i 的角速度加上一个由于连杆 $i+1$ 的角速度引起的分量，参照坐标系 {i} 描述关系可写成：

$$ {}^{i}\boldsymbol{\omega}_{i+1} = {}^{i}\boldsymbol{\omega}_{i} + {}^{i}_{i+1}\boldsymbol{R}\dot{\boldsymbol{\theta}}_{i+1}\,{}^{i+1}\hat{\boldsymbol{Z}}_{i+1} \tag{3.1} $$

注意：

$$ \dot{\boldsymbol{\theta}}_{i+1}\,{}^{i+1}\hat{\boldsymbol{Z}}_{i+1} = {}^{i+1}\begin{bmatrix} 0 \\ 0 \\ \dot{\theta}_{i+1} \end{bmatrix} \tag{3.2} $$

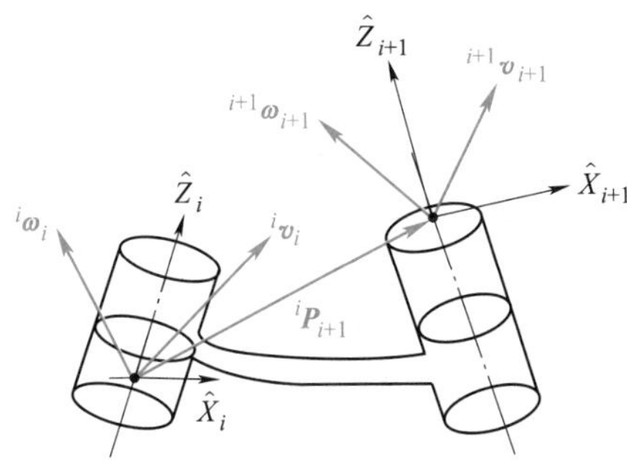

图 3.1　连杆 i 的矢量

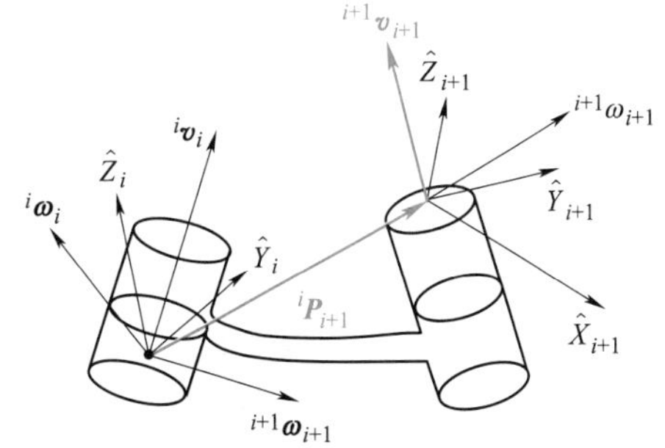

图 3.2　相邻连杆的速度矢量

我们曾用坐标系 $\{i\}$ 与坐标系 $\{i+1\}$ 之间的旋转变换矩阵表达坐标系 $\{i\}$ 中由于关节运动引起的附加旋转分量。这个旋转矩阵绕关节 $i+1$ 的旋转轴进行旋转变换，变换为在坐标系 $\{i\}$ 中的描述后，这两个角速度分量才能够相加。

在式（3.1）两边同时左乘${}^{i+1}_{i}\boldsymbol{R}$，可以得到连杆 $i+1$ 的角速度相对于坐标系 $\{i+1\}$ 的表达式为：

$$ {}^{i+1}\boldsymbol{\omega}_{i+1} = {}^{i+1}_{i}R\,{}^{i}\boldsymbol{\omega}_{i} + \dot{\boldsymbol{\theta}}_{i+1}\,{}^{i+1}\hat{\boldsymbol{Z}}_{i+1} \tag{3.3} $$

坐标系 $\{i+1\}$ 原点的线速度等于坐标系 $\{i\}$ 原点的线速度加上一个由于连杆 i 的角速度引起的新的分量。由于${}^{i}\boldsymbol{P}_{i+1}$在坐标系 $\{i\}$ 中是常数，所以其中一项就消失了。因此有：

$$ {}^{i}\boldsymbol{v}_{i+1} = {}^{i}\boldsymbol{v}_{i} + {}^{i}\boldsymbol{\omega}_{i} \times {}^{i}\boldsymbol{P}_{i+1} \tag{3.4} $$

上式两边同时左乘${}^{i+1}_{i}\boldsymbol{R}$，得：

$$ {}^{i+1}\boldsymbol{v}_{i+1} = {}^{i+1}_{i}\boldsymbol{R}({}^{i}\boldsymbol{v}_{i} + {}^{i}\boldsymbol{\omega}_{i} \times {}^{i}\boldsymbol{P}_{i+1}) \tag{3.5} $$

式（3.3）和式（3.5）可能是本章中最重要的结论。对于关节 $i+1$ 为移动关节的情况，相应的关系为：

$$ \begin{cases} {}^{i+1}\boldsymbol{\omega}_{i+1} = {}^{i+1}_{i}\boldsymbol{R}\,{}^{i}\boldsymbol{\omega}_{i} \\ {}^{i+1}\boldsymbol{v}_{i+1} = {}^{i+1}_{i}\boldsymbol{R}({}^{i}\boldsymbol{v}_{i} + {}^{i}\boldsymbol{\omega}_{i} \times {}^{i}\boldsymbol{P}_{i+1}) + \dot{\boldsymbol{d}}_{i+1}\,{}^{i+1}\hat{\boldsymbol{Z}}_{i+1} \end{cases} \tag{3.6} $$

从一个连杆到下一个连杆依次应用这些公式，可以计算出最后一个连杆的角速度${}^{N}\boldsymbol{\omega}_{N}$和线速度${}^{N}\boldsymbol{v}_{N}$，注意，这两个速度是按照坐标系 $\{N\}$ 表达的。在后面可以看到，这个结果是非常有用的。如果用基坐标系来表达角速度和线速度的话，就可以用${}^{0}_{N}R$去左乘速度，对基坐标进行旋转变换。

例题 3.1： 如图 3.3a 所示是具有两个转动关节的操作臂。计算出操作臂末端的速度，将它表达成关节速度的函数。给出两种形式的解答，一种是用坐标系 $\{3\}$ 表示的，另一种是用坐标系 $\{0\}$ 表示的。

如图 3. 3b 所示坐标系 {3} 固连于操作臂末端，求用坐标系 {3} 表示的该坐标系原点的速度。对于这个问题的第二部分，求用坐标系 {0} 表示的这些速度。同前文一样，首先将坐标系固连在连杆上，如图 3. 3b 所示。

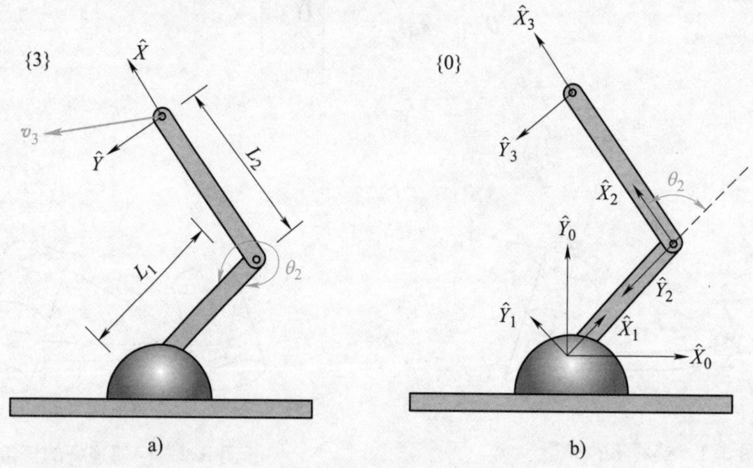

图 3. 3　二连杆机构

运用式（3. 3）和式（3. 5）从基坐标系 {0} 开始依次计算出每个坐标系原点的速度，其中基坐标系的速度为 0，由于式（3. 3）和式（3. 5）将应用到连杆变换，因此先将它们计算如下：

$$ {}_1^0\boldsymbol{T}=\begin{bmatrix} c_1 & -s_1 & 0 & 0 \\ s_1 & c_1 & 0 & 0 \\ 0 & 0 & 1 & 0 \\ 0 & 0 & 0 & 1 \end{bmatrix} \tag{3.7} $$

$$ {}_2^1\boldsymbol{T}=\begin{bmatrix} c_2 & -s_2 & 0 & l_1 \\ s_2 & c_2 & 0 & 0 \\ 0 & 0 & 1 & 0 \\ 0 & 0 & 0 & 1 \end{bmatrix} \tag{3.8} $$

$$ {}_3^2\boldsymbol{T}=\begin{bmatrix} 1 & 0 & 0 & l_2 \\ 0 & 1 & 0 & 0 \\ 0 & 0 & 1 & 0 \\ 0 & 0 & 0 & 1 \end{bmatrix} \tag{3.9} $$

注意上式关节 3 的转角恒为 0°。坐标系 {2} 与坐标系 {3} 之间的变换不必转化成标准的连杆变换形式（尽管这样做可能是有用的）。对各连杆使用式（3. 3）~式（3. 6），计算如下：

$$ {}^1\boldsymbol{\omega}_1=\begin{bmatrix} 0 \\ 0 \\ \dot{\theta}_1 \end{bmatrix} \tag{3.10} $$

$$
{}^{1}\boldsymbol{v}_1 = \begin{bmatrix} 0 \\ 0 \\ 0 \end{bmatrix} \tag{3.11}
$$

$$
{}^{2}\boldsymbol{\omega}_2 = \begin{bmatrix} 0 \\ 0 \\ \dot{\theta}_1 + \dot{\theta}_2 \end{bmatrix} \tag{3.12}
$$

$$
{}^{2}\boldsymbol{v}_2 = \begin{bmatrix} c_2 & s_2 & 0 \\ -s_2 & c_2 & 0 \\ 0 & 0 & 1 \end{bmatrix} \begin{bmatrix} 0 \\ l_1\dot{\theta}_1 \\ 0 \end{bmatrix} = \begin{bmatrix} l_1 s_2 \dot{\theta}_1 \\ l_1 c_2 \dot{\theta}_1 \\ 0 \end{bmatrix} \tag{3.13}
$$

$$
{}^{3}\boldsymbol{\omega}_3 = {}^{2}\boldsymbol{\omega}_2 \tag{3.14}
$$

$$
{}^{3}\boldsymbol{v}_3 = \begin{bmatrix} l_1 s_2 \dot{\theta}_1 \\ l_1 c_2 \dot{\theta}_1 + l_2(\dot{\theta}_1 + \dot{\theta}_2) \\ 0 \end{bmatrix} \tag{3.15}
$$

式（3.15）即为坐标系｛3｝表示的该坐标系原点的速度。同时，坐标系｛3｝的角速度由式（3.14）给出。

为了得到这些速度相对于固定基坐标系的表达，用旋转矩阵${}^{0}_{3}\boldsymbol{R}$对它们作旋转变换，即

$$
{}^{0}_{3}\boldsymbol{R} = {}^{0}_{1}\boldsymbol{R}\,{}^{1}_{2}\boldsymbol{R}\,{}^{2}_{3}\boldsymbol{R} = \begin{bmatrix} c_{12} & -s_{12} & 0 \\ s_{12} & c_{12} & 0 \\ 0 & 0 & 1 \end{bmatrix} \tag{3.16}
$$

通过这个变换可以得到：

$$
{}^{0}\boldsymbol{v}_3 = \begin{bmatrix} -l_1 s_1 \dot{\theta}_1 - l_2 s_{12}(\dot{\theta}_1 + \dot{\theta}_2) \\ l_1 c_1 \dot{\theta}_1 + l_2 c_{12}(\dot{\theta}_1 + \dot{\theta}_2) \\ 0 \end{bmatrix} \tag{3.17}
$$

3.2　雅可比矩阵

雅可比矩阵表示机构部件随时间变化的几何关系，它可以将单个关节的微分运动或速度转换为感兴趣点（如末端执行器）的微分运动和速度，也可将单个关节的运动与整个机构的运动联系起来。在机器人学中，进行速度分析需要先找出机器人关节速度与相应末端执行器线速度和角速度之间的关系，这种关系可以用雅可比矩阵来描述。

取一个自由度为n的机械臂，其正运动学方程如下：

$$
\boldsymbol{T}(\theta) = \begin{bmatrix} \boldsymbol{R}(\theta) & \boldsymbol{P}(\theta) \\ 0^{\mathrm{T}} & 1 \end{bmatrix} \tag{3.18}
$$

式中，旋转矩阵 $\boldsymbol{R}$ 和位移矢量 $\boldsymbol{P}$ 都是关于变量 $\boldsymbol{\theta}$ 的矩阵方程，其中 $\boldsymbol{\theta}=[\theta_1 \quad \theta_1 \quad \cdots \quad \theta_n]^{\mathrm{T}}$，末端执行器的位置和姿态均随着 $\boldsymbol{\theta}$ 的变化而变化。我们需要找到关节速度与末端执行器相对于参考坐标系 {0} 的角速度和线速度之间的关系，也就是将末端执行器的线速度 $\boldsymbol{v}_{\mathrm{e}}(=\dot{\boldsymbol{P}})$ 和角速度 $\boldsymbol{\omega}_{\mathrm{e}}$ 表示为所有关节速度 $\dot{\boldsymbol{\theta}}$ 的函数。由此得到的结果均为关节速度的函数关系，即

$$\boldsymbol{v}_{\mathrm{e}}=\boldsymbol{J}_v\dot{\boldsymbol{\theta}} \tag{3.19}$$

$$\boldsymbol{\omega}_{\mathrm{e}}=\boldsymbol{J}_\omega\dot{\boldsymbol{\theta}} \tag{3.20}$$

式中，$\boldsymbol{J}_v$ 和 $\boldsymbol{J}_\omega$ 分别为关节速度 $\dot{\boldsymbol{\theta}}$ 对末端执行器线速度 $\boldsymbol{v}_{\mathrm{e}}$ 和角速度 $\boldsymbol{\omega}_{\mathrm{e}}$ 的 $3\times n$ 作用矩阵。两个方程的紧凑形式可表达为如下方程式：

$$\boldsymbol{\delta}_{\mathrm{e}}=\boldsymbol{J}\dot{\boldsymbol{\theta}} \tag{3.21}$$

式中，$\boldsymbol{\delta}_{\mathrm{e}}=[\boldsymbol{v}_{\mathrm{e}} \quad \boldsymbol{\omega}_{\mathrm{e}}]^{\mathrm{T}}$，$\boldsymbol{J}=[\boldsymbol{J}_v \quad \boldsymbol{J}_\omega]^{\mathrm{T}}$。$\boldsymbol{J}$ 为机械臂的雅可比矩阵（$6\times n$ 矩阵），它是只关于关节变量 $\boldsymbol{\theta}$ 的方程。

对于两连杆的操作臂，可以写出一个 2×2 的雅可比矩阵，该矩阵将关节速度和末端执行器的速度联系起来。利用例 3.1 的结果，可以很容易地给出两连杆操作臂的雅可比矩阵。由式（3.15）写出坐标系 {3} 中的雅可比表达式为：

$$^3\boldsymbol{J}(\theta)=\begin{bmatrix} l_1s_2 & 0 \\ l_1c_2+l_2 & l_2 \end{bmatrix} \tag{3.22}$$

由式（3.17）可以写出坐标系 {0} 中的雅可比表达式为：

$$^0\boldsymbol{J}(\theta)=\begin{bmatrix} -l_1s_1-l_2s_{12} & -l_2s_{12} \\ l_1c_1+l_2c_{12} & l_2c_{12} \end{bmatrix} \tag{3.23}$$

注意，在上述两种情况下，都选择了一个方阵将关节速度和末端执行器的速度联系起来。当然，也可以选择包含末端执行器角速度的 3×2 阶雅可比矩阵。

例题 3.2：如图 3.4 所示平面三连杆机械臂，求其雅可比矩阵。

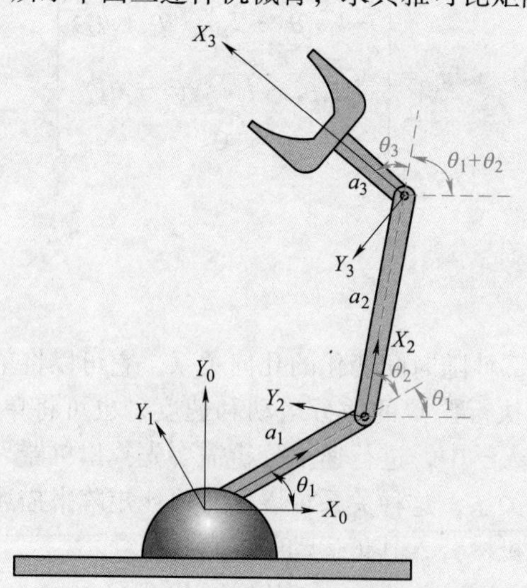

图 3.4　平面三连杆机械臂连杆坐标系

解：平面三连杆机械臂的雅可比矩阵表示为：

$$J=\begin{bmatrix} \boldsymbol{e}_1\times\boldsymbol{\varepsilon}_{1e} & \boldsymbol{e}_2\times\boldsymbol{\varepsilon}_{2e} & \boldsymbol{e}_3\times\boldsymbol{\varepsilon}_{3e} \\ \boldsymbol{e}_1 & \boldsymbol{e}_2 & \boldsymbol{e}_3 \end{bmatrix}$$

转动关节轴的单位矢量在坐标系 {0} 的投影为$[\boldsymbol{\varepsilon}_1]_0=[\boldsymbol{\varepsilon}_2]_0=[\boldsymbol{\varepsilon}_3]_0=[0\quad 0\quad 1]^{\mathrm{T}}$。

不同连杆的位置矢量在坐标系 {0} 的投影分别计算如下：

$$[\boldsymbol{\varepsilon}_{1e}]_0=[\boldsymbol{\varepsilon}_1+\boldsymbol{\varepsilon}_2+\boldsymbol{\varepsilon}_3]=[a_1c_1+a_2c_{12}+a_3c_{123}\quad a_1s_1+a_2s_{12}+a_3s_{123}\quad 0]^{\mathrm{T}}$$

$$[\boldsymbol{\varepsilon}_{2e}]_0=[\boldsymbol{\varepsilon}_2+\boldsymbol{\varepsilon}_3]_0=[a_2c_{12}+a_3c_{123}\quad a_2s_{12}+a_3s_{123}\quad 0]^{\mathrm{T}}$$

$$[\boldsymbol{\varepsilon}_{3e}]_0=[\boldsymbol{\varepsilon}_3]_0=[a_3c_{123}\quad a_3s_{123}\quad 0]^{\mathrm{T}}$$

根据如上位置矢量关系可计算出雅可比矩阵，由于只有 3 个非零矢量是相关的，故平面三连杆机械臂的雅可比矩阵如下：

$$J=\begin{bmatrix} -a_1s_1-a_2s_{12}-a_3s_{123} & -a_2s_{12}-a_3s_{123} & -a_3s_{123} \\ a_1c_1+a_2c_{12}+a_3c_{123} & a_2c_{12}+a_3c_{123} & a_3c_{123} \\ 1 & 1 & 1 \end{bmatrix} \tag{3.24}$$

例题 3.3：如图 3.5 所示的二自由度机械手，底座与地板固定。该机械手杆长 l_1、l_2 都为 0.5，关节角 $\theta_1=30°$、$\theta_2=60°$，机械手沿固定坐标系的 X_0 方向以速度 1 恒定移动，输出相应关节角速率，对其进行仿真计算。

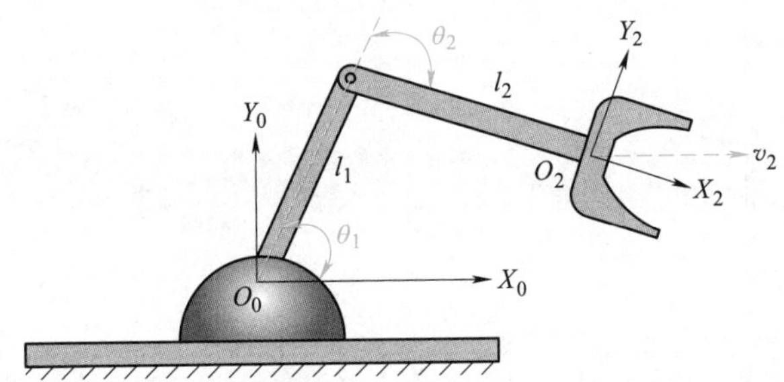

图 3.5　二自由度机械手手部沿 X_0 方向运动示意图

解：按所给条件进行仿真计算如下：

```
L1=0.5;L2=0.5;
vx=1;vy=0
theta1(1)=30
theta2(1)=-60
for i=1:6
t=0
if t<6
J=[-L1*sind(theta1(i))-L2*sind(theta1(i)+theta2(i)),-L2*sind(theta1(i)+
theta2(i));
```

```
    L1 * cosd(theta1(i))+L2 * cosd(theta1(i)+theta2(i)),L2 * cosd(theta1(i)+
theta2(i))]
    p=inv(J) * [vx;vy]
    w1(i)=p(1,1) * 180/pi
    w2(i)=p(2,1) * 180/pi
    i=i+1
    t=t+1
    theta1(i)=p(1,1) * 180/pi
    theta2(i)=p(2,1) * 180/pi
    end
    end
    t=[0,1,2,3,4,5]
    plot(t,w1,'r',t,w2,'b')
    grid on;title('关节角速率');
```

图 3.6 所示为关节角速率输出图。

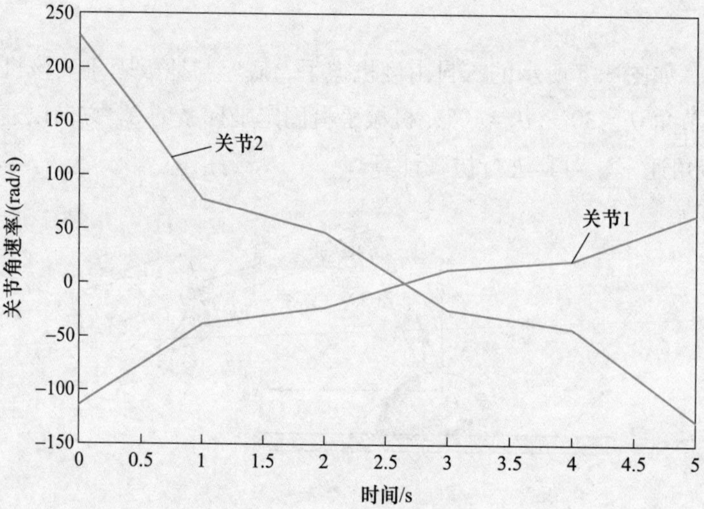

图 3.6 关节角速率输出图

3.3 静力学

机器人工作时需要各个关节的驱动装置提供关节力和力矩，通过连杆传递到末端执行器，克服外界作用力和力矩。静力学分析研究机器人关节驱动力和力矩与末端执行器输出力和力矩之间的关系，是对工业机械臂进行力控制的基础，可以为机械臂设计或操作提供技术数据，如驱动电机、轴承的选择和连杆强度设计等。

操作臂的链式结构特性自然让我们想到力和力矩是如何从一个连杆向下一个连杆传递的。考虑操作臂的自由末端（末端执行器）在工作空间推动某个物体，或用手部抓举着某个负载的典型情况。我们希望求出保持系统静态平衡的关节扭矩。

对于操作臂的静力，首先锁定所有的关节以使操作臂的结构固定。然后对这种结构中的连杆进行讨论，写出力和力矩对于各连杆坐标系的平衡关系。最后，为了保持操作臂的静态平衡，计算出需要对各关节轴依次施加多大的静力矩。通过这种方法，可以求出为了使末端执行器支承住某个静负载所需的一组关节力矩。

在本节中，不考虑作用在连杆上的重力。所讨论的关节静力和静力矩是由施加在最后一个连杆上的静力或静力矩（或两者共同）引起的，例如，当操作臂的末端执行器和环境接触时就是这样的。

为相邻杆件所施加的力和力矩定义以下特殊的符号：

① $\boldsymbol{f}_i$ 为连杆 $i-1$ 施加在连杆 i 上的力。

② $\boldsymbol{n}_i$ 为连杆 $i-1$ 施加在连杆 i 上的力矩。

首先，按照惯例建立连杆坐标系。图 3.7 所示为施加在连杆 i 上的静力和静力矩（除了重力以外）。将这些力相加并令其和为 0，有：

$$ {}^{i}\boldsymbol{f}_{i} - {}^{i}\boldsymbol{f}_{i+1} = 0 \tag{3.25} $$

将坐标系 $\{i\}$ 原点的力矩相加，有：

$$ {}^{i}\boldsymbol{n}_{i} - {}^{i}\boldsymbol{n}_{i+1} - {}^{i}\boldsymbol{P}_{i+1} \times {}^{i}\boldsymbol{f}_{i+1} = 0 \tag{3.26} $$

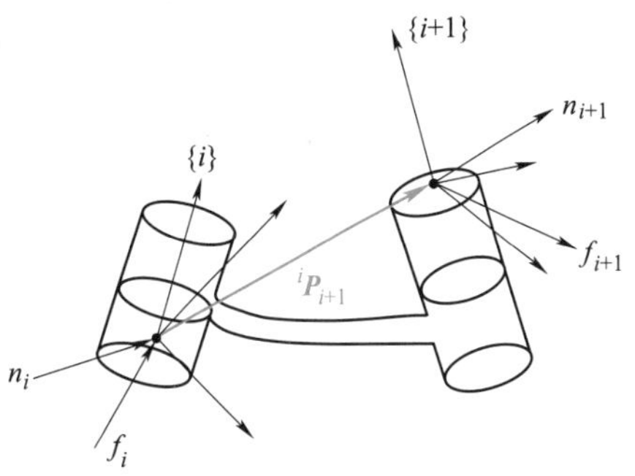

如果从施加于手部的力和力矩的描述开始，从末端连杆到基座（连杆 0）进行计算就可以计算出作用于每一根连杆上的力和力矩，为此，对式（3.25）和式（3.26）进行整理，以便从高序号连杆向低序号连杆进行迭代求解，结果如下：

$$ {}^{i}\boldsymbol{f} = {}^{i}\boldsymbol{f}_{i+1} \tag{3.27} $$

$$ {}^{i}\boldsymbol{n}_{i} = {}^{i}\boldsymbol{n}_{i+1} + {}^{i}\boldsymbol{P}_{i+1} \times {}^{i}\boldsymbol{f}_{i+1} \tag{3.28} $$

图 3.7　单连杆的静力和静力矩平衡关系

为了按照定义在连杆本体坐标系中的力和力矩写出这些表达式，用坐标系 $\{i+1\}$ 相对于坐标系 $\{i\}$ 描述的旋转矩阵进行变换，就得到了最重要的连杆之间的静力“传递”公式，即

$$ {}^{i}\boldsymbol{f}_{i} = {}^{i}_{i+1}\boldsymbol{R}\,{}^{i+1}\boldsymbol{f}_{i+1} \tag{3.29} $$

$$ {}^{i}\boldsymbol{n}_{i} = {}^{i}_{i+1}\boldsymbol{R}\,{}^{i+1}\boldsymbol{n}_{i+1} + {}^{i}\boldsymbol{P}_{i+1} \times {}^{i}\boldsymbol{f}_{i} \tag{3.30} $$

最后，提出一个重要的问题：为了平衡施加在连杆上的力和力矩，需要在关节上施加多大的力矩？除了绕关节轴的力矩外，力和力矩矢量的所有分量都可以由操作臂机构本身来平衡。因此，为了求出保持系统静平衡所需的关节力矩，应计算关节轴矢量和施加在连杆上的力矩矢量的点积：

$$ \boldsymbol{\tau}_{i} = {}^{i}\boldsymbol{n}_{i}^{\mathrm{T}\,i}\hat{\boldsymbol{Z}}_{i} \tag{3.31} $$

对于关节 i 是移动关节的情况，可以计算出关节驱动力为：

$$ \boldsymbol{\tau}_{i} = {}^{i}\boldsymbol{f}_{i}^{\mathrm{T}\,i}\hat{\boldsymbol{Z}}_{i} \tag{3.32} $$

注意，即使对于线性的关节力，我们也使用符号 $\boldsymbol{\tau}$。

按照惯例，通常将使关节角增大的旋转方向定义为关节力矩的正方向。

式（3.29）~式（3.32）给出一种方法，可以计算静态下用操作臂末端执行器施加力和力矩所需的关节力。

例题 3.4：如图 3.8 所示的二自由度机械手，底座与地板固定。该机械手杆长 l_1、l_2 都为 0.5，关节角 $\theta_1=30°$、$\theta_2=60°$，机械手端点力为 $F_x=4$，$F_y=3$，输出相应的关节力矩，对其进行仿真计算。

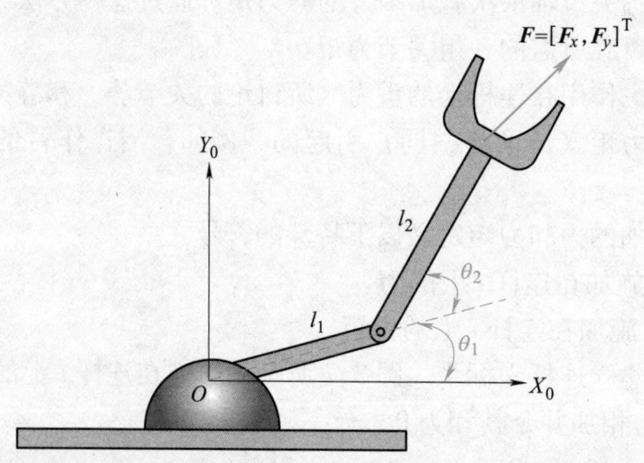

图 3.8　二自由度机械手

解：按已知条件，进行仿真计算如下：

```
L1=0.5
L2=0.5
Fx=4
Fy=3
theta1(1)=30
theta2(1)=-60
for i=1:6
t=0
if t<6
J=[-L1*sind(theta1(i))-L2*sind(theta1(i)+theta2(i)),-L2*sind(theta1(i)+theta2(i));L1*cosd(theta1(i))+L2*cosd(theta1(i)+theta2(i)),L2*cosd(theta1(i)+theta2(i))]
q1(i)=J(1,1)*Fx+J(2,1)*Fy
q2(i)=J(1,2)*Fx+J(2,2)*Fy
p=J.'*[Fx;Fy]
i=i+1
t=t+1
theta1(i)=p(1,1)*180/pi
theta2(i)=p(2,1)*180/pi
end
end
t=[0,1,2,3,4,5]
```

```
    plot(t,q1,'r',t,q2,'b')
grid on;title('关节力矩');
```

图 3.9 所示为关节力矩输出图。

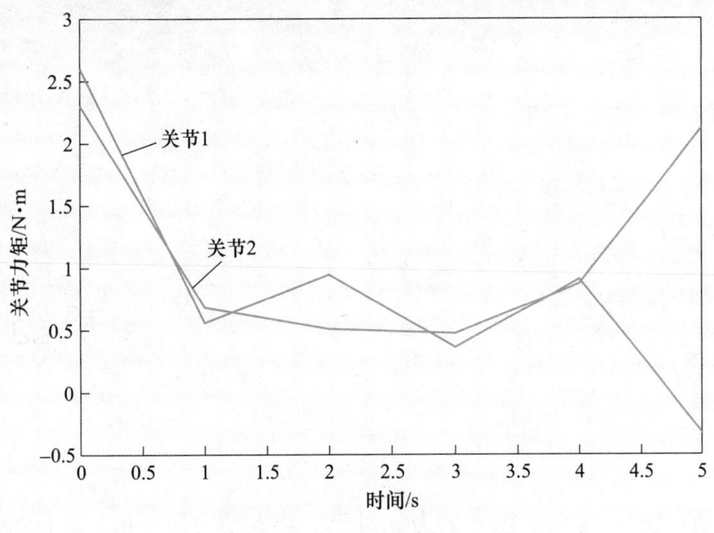

图 3.9　关节力矩输出图

习　　题

3.1　计算 Puma560 在坐标系 {6} 中的雅可比矩阵。

3.2　某两连杆操作臂的雅可比矩阵为：

$$^{0}\boldsymbol{J}(\theta)=\begin{bmatrix}-l_1s_1 & -l_2s_{12} & -l_2s_{12}\\ l_1c_1 & l_2c_{12} & l_2c_{12}\end{bmatrix}$$

不计重力，求出使操作臂产生静力矢量$^{0}\boldsymbol{F}=10\hat{\boldsymbol{X}}_0$ 的关节力矩。

3.3　已知一个 3R 机器人的运动学解为：

$$_{3}^{0}\boldsymbol{T}=\begin{bmatrix}c_1c_{23} & -c_1s_{23} & s_1 & l_1c_1+l_2c_1c_2\\ s_1c_{23} & -s_1s_{23} & -c_1 & l_1s_1+l_2s_1c_2\\ s_{23} & c_{23} & 0 & l_2s_2\\ 0 & 0 & 0 & 1\end{bmatrix}$$

求$^{0}\boldsymbol{J}(\theta)$，将其乘以关节速度矢量，求坐标系 {3} 的原点相对于坐标系 {0} 的线速度。

第 4 章 机器人动力学

动力学主要研究产生运动所需要的力。对于机器人动力学分析，有两种经典的方法：一种是牛顿-欧拉法，另一种是拉格朗日法。与机器人运动学相似，机器人动力学也有两个相反的问题：

1）动力学正问题是已知机械臂各关节的作用力或力矩，求各关节的位移、速度和加速度，即机器人的运动轨迹（$\boldsymbol{\tau} \rightarrow \boldsymbol{q}$、$\dot{\boldsymbol{q}}$、$\ddot{\boldsymbol{q}}$），这可以用于对机械臂的仿真。

2）动力学逆问题是已知机械臂的运动轨迹，即各关节的位移、速度和加速度，求各关节所需要的驱动力或力矩（$\boldsymbol{q}$、$\dot{\boldsymbol{q}}$、$\ddot{\boldsymbol{q}} \rightarrow \boldsymbol{\tau}$），这可以用于对机械臂的控制。

4.1 刚体动力学基础

4.1.1 质量分布

在单自由度系统中，常常要考虑刚体的质量。对于定轴转动的情况，经常用到惯量矩这个概念。对一个可以在三维空间自由运动的刚体来说，可能存在无穷个旋转轴。在一个刚体绕任意轴做旋转运动时，我们需要一种能够表征刚体质量分布的方法。在这里，引入惯性张量，它可以被看作是对一个物体惯量的广义度量。

现在定义一组参量，给出刚体质量在参考坐标系中分布的信息。图 4.1 表示一个刚体，坐标系建立在刚体上，${}^{A}\boldsymbol{P}$ 表示单元体 $\mathrm{d}V$ 的位置矢量。惯性张量可以在任何坐标系中定义，但一般在固连于刚体上的坐标系中定义惯性张量。这里，重要的是用左上标表明已知惯性张量所在的参考坐标系。坐标系 $\{A\}$ 中的惯性张量可用 3×3 矩阵表示如下：

$$
{}^{A}\boldsymbol{I}=\begin{bmatrix} I_{xx} & -I_{xy} & -I_{xz} \\ -I_{xy} & I_{yy} & -I_{yz} \\ -I_{xz} & -I_{yz} & I_{zz} \end{bmatrix} \tag{4.1}
$$

矩阵中的各元素分别为：

$$
\begin{aligned}
\boldsymbol{I}_{xx} &= \iiint_V (y^2+z^2)\rho \mathrm{d}V \\
\boldsymbol{I}_{yy} &= \iiint_V (x^2+z^2)\rho \mathrm{d}V \\
\boldsymbol{I}_{zz} &= \iiint_V (x^2+y^2)\rho \mathrm{d}V \\
\boldsymbol{I}_{xy} &= \iiint_V xy\rho \mathrm{d}V \\
\boldsymbol{I}_{xz} &= \iiint_V xz\rho \mathrm{d}V \\
\boldsymbol{I}_{yz} &= \iiint_V yz\rho \mathrm{d}V
\end{aligned}
\tag{4.2}
$$

式中刚体由单元体 dV 组成，单元体的密度为 ρ。每个单元体的位置由矢量 ${}^A\boldsymbol{P}=[x\ \ y\ \ z]^{\mathrm{T}}$ 确定，如图 4.1 所示。

$\boldsymbol{I}_{xx}$，$\boldsymbol{I}_{yy}$和 $\boldsymbol{I}_{zz}$称为惯量矩，它们是单元体质量 $\rho \mathrm{d}V$ 乘以单元体到相应转轴垂直距离的平方在整个刚体上的积分。其余三个交叉项称为惯量积。对于一个刚体来说，这 6 个相互独立的参量取决于所在坐标系的位姿。当任意选择坐标系的方位时，可能会使刚体的惯量积为零。此时，参考坐标系的轴称为主轴，而相应的惯量矩称为主惯量矩。

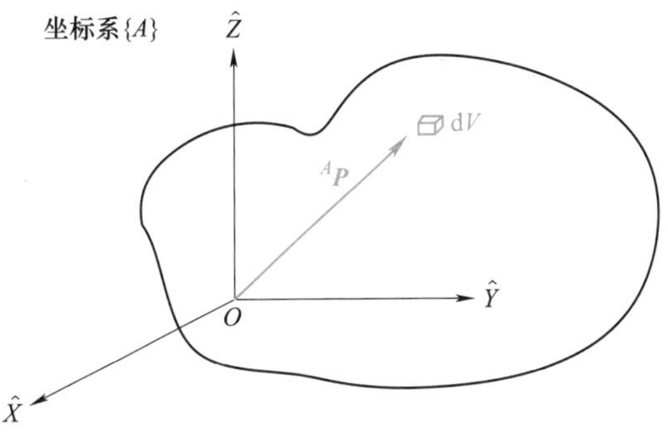

图 4.1 惯性张量

4.1.2 刚体的加速度

现在分析刚体的加速度问题。在任一瞬时，对刚体的线速度和角速度进行求导，可分别得到线加速度和角加速度。例如，加速度可以通过计算空间一点 Q 相对于坐标系 $\{B\}$ 的速度的微分进行描述，即

$$
{}^B\dot{\boldsymbol{V}}_Q = \frac{\mathrm{d}}{\mathrm{d}t}{}^B\boldsymbol{V}_Q = \lim_{\Delta t\to 0}\frac{{}^B\boldsymbol{V}_Q(t+\Delta t)-{}^B\boldsymbol{V}_Q(t)}{\Delta t} \tag{4.3}
$$

和

$$
{}^A\dot{\boldsymbol{\Omega}}_B = \frac{\mathrm{d}}{\mathrm{d}t}{}^A\boldsymbol{\Omega}_B = \lim_{\Delta t\to 0}\frac{{}^A\boldsymbol{\Omega}_B(t+\Delta t)-{}^A\boldsymbol{\Omega}_B(t)}{\Delta t} \tag{4.4}
$$

同速度一样，当微分的参考坐标系为世界坐标系 $\{U\}$ 时，可用下列符号表示刚体的速度，即

$$
\dot{\boldsymbol{v}}_A = {}^U\dot{\boldsymbol{V}}_{\mathrm{AORG}} \tag{4.5}
$$

和

$$
\dot{\boldsymbol{\omega}}_A = {}^U\dot{\boldsymbol{\Omega}}_A \tag{4.6}
$$

1. 线速度

把坐标系 $\{B\}$ 固连在一刚体上，要求描述相对于坐标系 $\{A\}$ 的速度矢量 ${}^B\boldsymbol{Q}$，如图

4.2 所示，这里假设坐标系 {A} 是固定的。

坐标系 {B} 相对于坐标系 {A} 的位置矢量$^A\boldsymbol{P}_{BORG}$和旋转矩阵$^A_B\boldsymbol{R}$来描述，假设方位$^A_B\boldsymbol{R}$不随时间变化，则 Q 点相对于坐标 {A} 的运动是由于$^A\boldsymbol{P}_{BORG}$或$^B\boldsymbol{Q}$随时间的变化引起的。

求解坐标系 {A} 中 Q 点的线速度只要写出坐标系 {A} 中的两个速度分量，求其和为：

$$^A\boldsymbol{V}_Q = {}^A\boldsymbol{V}_{BORG} + {}^A_B\boldsymbol{R}\,{}^B\boldsymbol{V}_Q \tag{4.7}$$

公式（4.7）只适用于坐标系 {B} 和坐标系 {A} 的相对方位保持不变的情况。

2. 角速度

首先讨论两坐标系的原点重合、相对相速度为零的情况，而且它们的原点始终保持重合，其中一个或两个坐标系固连在刚体上，如图 4.3 所示。

坐标系 {B} 相对于坐标系 {A} 的方位是随时间变化的，{B} 相对于 {A} 的旋转速度用矢量$^A\boldsymbol{\Omega}_B$来表示。已知矢量$^B\boldsymbol{Q}$确定了坐标系 {B} 中一固定点的位置，则可得点 Q 的角速度为：

$$^A\boldsymbol{\Omega}_Q = {}^A_B\boldsymbol{R}\,{}^B\boldsymbol{V}_Q + {}^A\boldsymbol{\Omega}_B \times {}^A_B\boldsymbol{R}\,{}^B\boldsymbol{Q} \tag{4.8}$$

当线速度和角速度同时存在的情况下，可以把式（4.8）扩展到两坐标系的原点不重合的情况，通过把原点的线速度加到式（4.8）中，可以得到从坐标系 {A} 观测坐标系 {B} 中固定速度矢量的普遍公式：

$$^A\boldsymbol{V}_Q = {}^A\boldsymbol{V}_{BORG} + {}^A_B\boldsymbol{R}\,{}^B\boldsymbol{V}_Q + {}^A\boldsymbol{\Omega}_B \times {}^A_B\boldsymbol{R}\,{}^B\boldsymbol{Q} \tag{4.9}$$

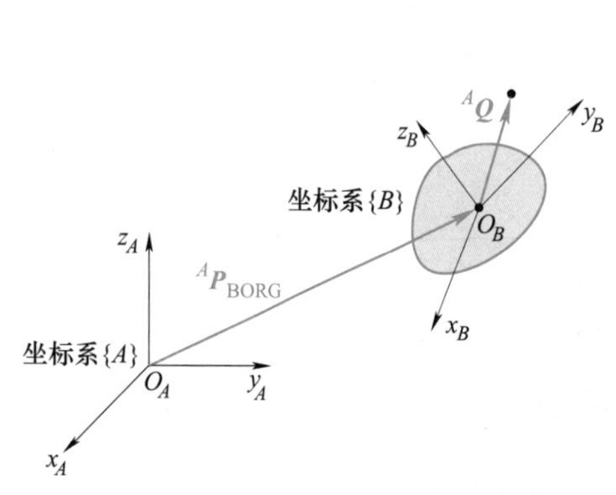

图 4.2　坐标系 {B} 以速度$^AV_{BORG}$相对于坐标系 {A} 平移

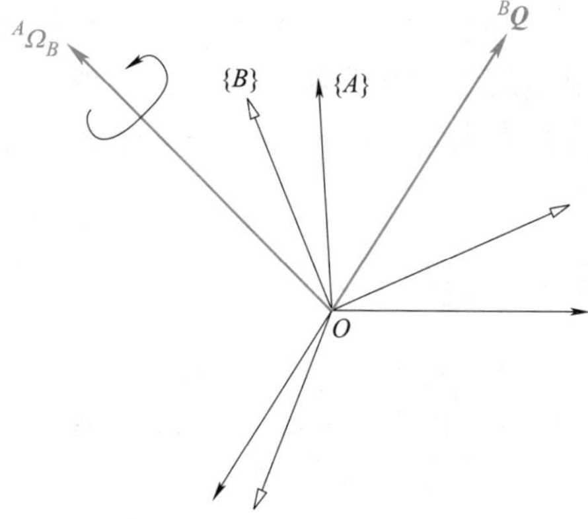

图 4.3　固定坐标系 {B} 中的矢量^BQ以角速度$^A\boldsymbol{\Omega}_B$相对于坐标系 {A} 旋转

3. 线加速度

式（4.8）描述了当坐标系 {A} 的原点与坐标系 {B} 的原点重合时，坐标系 {A} 下的速度矢量$^B\boldsymbol{Q}$，方程左边描述的是矢量$^A\boldsymbol{Q}$随时间变化的情况，由于两个坐标系的原点重合，因此可以把式（4.8）改写成如下形式：

$$\frac{\mathrm{d}}{\mathrm{d}t}({}^A_B\boldsymbol{R}\,{}^B\boldsymbol{Q}) = {}^A_B\boldsymbol{R}\,{}^B\boldsymbol{V}_Q + {}^A\boldsymbol{\Omega}_B \times {}^A_B\boldsymbol{R}\,{}^B\boldsymbol{Q} \tag{4.10}$$

这种形式的方程在求解相应的加速度方程时很方便。

对式（4.8）求导，当坐标系 {A} 的原点与坐标系 {B} 的原点重合时，可得到$^B\boldsymbol{Q}$的

加速度在坐标系 $\{A\}$ 的表达式为：

$$^{A}\dot{\boldsymbol{V}}_{Q}=\frac{\mathrm{d}}{\mathrm{d}t}({}_{B}^{A}\boldsymbol{R}^{B}\boldsymbol{V}_{Q})+{}^{A}\dot{\boldsymbol{\Omega}}_{B}\times{}_{B}^{A}\boldsymbol{R}^{B}\boldsymbol{Q}+{}^{A}\boldsymbol{\Omega}_{B}\times\frac{\mathrm{d}}{\mathrm{d}t}({}_{B}^{A}\boldsymbol{R}^{B}\boldsymbol{Q}) \tag{4.11}$$

对式（4.11）中的第一项和最后一项应用式（4.10），则其等号右边成为：

$${}_{B}^{A}\boldsymbol{R}^{B}\dot{\boldsymbol{V}}_{Q}+{}^{A}\boldsymbol{\Omega}_{B}\times{}_{B}^{A}\boldsymbol{R}^{B}\boldsymbol{V}_{Q}+{}^{A}\dot{\boldsymbol{\Omega}}_{B}\times{}_{B}^{A}\boldsymbol{R}^{B}\boldsymbol{Q}+{}^{A}\boldsymbol{\Omega}_{B}\times({}_{B}^{A}\boldsymbol{R}^{B}\boldsymbol{V}_{Q}+{}^{A}\boldsymbol{\Omega}_{B}\times{}_{B}^{A}\boldsymbol{R}^{B}\boldsymbol{Q}) \tag{4.12}$$

将式（4.12）中的同类项合并，整理得：

$${}_{B}^{A}\boldsymbol{R}^{B}\dot{\boldsymbol{V}}_{Q}+2{}^{A}\boldsymbol{\Omega}_{B}\times{}_{B}^{A}\boldsymbol{R}^{B}\boldsymbol{V}_{Q}+{}^{A}\dot{\boldsymbol{\Omega}}_{B}\times{}_{B}^{A}\boldsymbol{R}^{B}\boldsymbol{Q}+{}^{A}\boldsymbol{\Omega}_{B}\times({}^{A}\boldsymbol{\Omega}_{B}\times{}_{B}^{A}\boldsymbol{R}^{B}\boldsymbol{Q}) \tag{4.13}$$

为了该将结论推广到两个坐标系原点不重合的一般情况，附加一个表示坐标系 $\{B\}$ 原点线加速度的项，最终得到一般表达式为：

$$^{A}\dot{\boldsymbol{V}}_{Q}={}^{A}\dot{\boldsymbol{V}}_{\mathrm{BORG}}+{}_{B}^{A}\boldsymbol{R}^{B}\dot{\boldsymbol{V}}_{Q}+2{}^{A}\boldsymbol{\Omega}_{B}\times{}_{B}^{A}\boldsymbol{R}^{B}\boldsymbol{V}_{Q}+{}^{A}\dot{\boldsymbol{\Omega}}_{B}\times{}_{B}^{A}\boldsymbol{R}^{B}\boldsymbol{Q}+{}^{A}\boldsymbol{\Omega}_{B}\times({}^{A}\boldsymbol{\Omega}_{B}\times{}_{B}^{A}\boldsymbol{R}^{B}\boldsymbol{Q}) \tag{4.14}$$

值得指出的是，当 $^{B}\boldsymbol{Q}$ 是常量时，即

$$^{B}\boldsymbol{V}_{Q}={}^{B}\dot{\boldsymbol{V}}_{Q}=0 \tag{4.15}$$

此时式（4.14）简化为：

$$^{A}\dot{\boldsymbol{V}}_{Q}={}^{B}\dot{\boldsymbol{V}}_{\mathrm{BORG}}+{}^{A}\boldsymbol{\Omega}_{B}\times({}^{A}\boldsymbol{\Omega}_{B}\times{}_{B}^{A}\boldsymbol{R}^{B}\boldsymbol{Q})+{}^{A}\dot{\boldsymbol{\Omega}}_{B}\times{}_{B}^{A}\boldsymbol{R}^{B}\boldsymbol{Q} \tag{4.16}$$

式（4.16）常用于计算旋转关节操作臂连杆的线加速度。当操作臂的连接为移动关节时，常用一般表达式（4.14）。

4. 角加速度

假设坐标系 $\{B\}$ 以角速度 $^{A}\boldsymbol{\Omega}_{B}$ 相对于坐标系 $\{A\}$ 转动，同时坐标系 $\{C\}$ 以角速度 $^{B}\boldsymbol{\Omega}_{C}$ 相对于坐标系 $\{B\}$ 转动。为求 $^{A}\boldsymbol{\Omega}_{C}$，在坐标系 $\{A\}$ 中进行矢量相加，即：

$$^{A}\boldsymbol{\Omega}_{C}={}^{A}\boldsymbol{\Omega}_{B}+{}_{B}^{A}\boldsymbol{R}^{B}\boldsymbol{\Omega}_{C} \tag{4.17}$$

对式（4.17）求导，得：

$$^{A}\dot{\boldsymbol{\Omega}}_{C}={}^{A}\dot{\boldsymbol{\Omega}}_{B}+\frac{\mathrm{d}}{\mathrm{d}t}({}_{B}^{A}\boldsymbol{R}^{B}\boldsymbol{\Omega}_{C}) \tag{4.18}$$

将式（4.10）代入式（4.18）右侧最后一项中，得：

$$^{A}\dot{\boldsymbol{\Omega}}_{C}={}^{A}\dot{\boldsymbol{\Omega}}_{B}+{}_{B}^{A}\boldsymbol{R}^{B}\dot{\boldsymbol{\Omega}}_{C}+{}^{A}\boldsymbol{\Omega}_{B}\times{}_{B}^{A}\boldsymbol{R}^{B}\boldsymbol{\Omega}_{C} \tag{4.19}$$

式（4.19）用于计算操作臂连杆的角加速度。

4.2 牛顿-欧拉迭代动力学方程

1. 牛顿方程

图 4.4 所示的刚体质心正以加速度 $\dot{\boldsymbol{v}}_{C}$ 做加速运动。此时，由牛顿方程可得，作用在质心上的力 $\boldsymbol{F}$ 引起刚体加速度为：

$$\boldsymbol{F}=m\dot{\boldsymbol{v}}_{C} \tag{4.20}$$

式中，m 代表刚体的总质量。

2. 欧拉方程

图 4.5 所示为一个旋转刚体，其角速度和角加速度分别为 $\boldsymbol{\omega}$、$\dot{\boldsymbol{\omega}}$。此时，由欧拉方程可得，作用在刚体上的力矩 $\boldsymbol{N}$ 引起刚体的转动方程为：

$$\boldsymbol{N} = {}^{C}\boldsymbol{I}\dot{\boldsymbol{\omega}} + \boldsymbol{\omega} \times {}^{C}\boldsymbol{I}\boldsymbol{\omega} \tag{4.21}$$

式中，${}^{C}\boldsymbol{I}$ 为刚体在坐标系 $\{C\}$ 中的惯性张量。刚体的质心在坐标系 $\{C\}$ 的原点上。

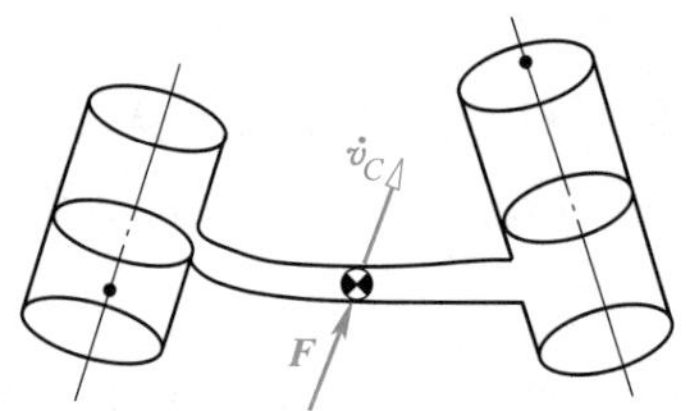

图 4.4 作用于刚体质心的力 F 引起刚体运动加速度 $\dot{v}_C$

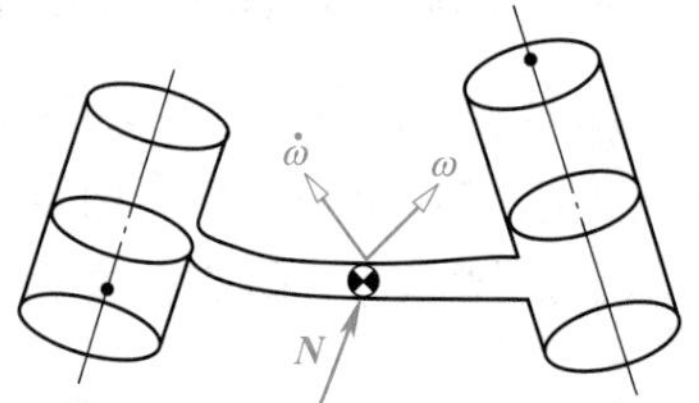

图 4.5 旋转刚体

3. 牛顿-欧拉迭代动力学方程

现在讨论对应于操作臂给定运动轨迹的力矩计算问题。假设已知关节的位置、速度和加速度，结合机器人运动学和质量分布方面的知识，可以计算出驱动关节运动所需的力矩。

（1）计算速度和加速度的向外迭代法　为了计算作用在连杆上的惯性力，需要计算操作臂每个连杆在某一时刻的角速度、线加速度和角加速度。可应用迭代方法完成这些计算。首先对连杆 1 进行计算，接着计算下一个连杆，这样一直向外迭代到连杆 n。

在第 3 章中已经讨论了角速度在连杆之间的“传递”问题，如图 3.2 所示，可得连杆 $i+1$ 的角速度为：

$$^{i+1}\boldsymbol{\omega}_{i+1} = {}^{i+1}_{i}\boldsymbol{R}\,{}^{i}\boldsymbol{\omega}_i + \dot{\boldsymbol{\theta}}_{i+1}\,{}^{i+1}\hat{\boldsymbol{Z}}_{i+1} \tag{4.22}$$

由角加速度的公式可得：

$$^{i+1}\dot{\boldsymbol{\omega}}_{i+1} = {}^{i+1}_{i}\boldsymbol{R}\,{}^{i}\dot{\boldsymbol{\omega}}_i + {}^{i+1}_{i}\boldsymbol{R}\,{}^{i}\boldsymbol{\omega}_i \times \dot{\boldsymbol{\theta}}_{i+1}\,{}^{i+1}\hat{\boldsymbol{Z}}_{i+1} + \ddot{\boldsymbol{\theta}}_{i+1}\,{}^{i+1}\hat{\boldsymbol{Z}}_{i+1} \tag{4.23}$$

当第 $i+1$ 个关节是移动关节时，上式可简化为：

$$^{i+1}\dot{\boldsymbol{\omega}}_{i+1} = {}^{i+1}_{i}\boldsymbol{R}\,{}^{i}\boldsymbol{\omega}_i \tag{4.24}$$

由线速度公式可以得到每个连杆坐标系原点的线加速度为：

$$^{i+1}\dot{\boldsymbol{v}}_{i+1} = {}^{i+1}_{i}\boldsymbol{R}({}^{i}\boldsymbol{\omega}_i \times {}^{i}\boldsymbol{P}_{i+1} + {}^{i}\boldsymbol{\omega}_i \times ({}^{i}\boldsymbol{\omega}_i \times {}^{i}\boldsymbol{P}_{i+1}) + {}^{i}\dot{\boldsymbol{v}}_i) \tag{4.25}$$

当第 $i+1$ 个关节是移动关节时，上式可简化为：

$$^{i+1}\dot{\boldsymbol{v}}_{i+1} = {}^{i+1}_{i}\boldsymbol{R}({}^{i}\dot{\boldsymbol{\omega}}_i \times {}^{i}\boldsymbol{P}_{i+1} + {}^{i}\boldsymbol{\omega}_i \times ({}^{i}\boldsymbol{\omega}_i \times {}^{i}\boldsymbol{P}_{i+1}) + {}^{i}\dot{\boldsymbol{v}}_i) + 2\,{}^{i+1}\boldsymbol{\omega}_{i+1} \times \dot{\boldsymbol{d}}_{i+1}\,{}^{i+1}\hat{\boldsymbol{Z}}_{i+1} + \ddot{\boldsymbol{d}}_{i+1}\,{}^{i+1}\hat{\boldsymbol{Z}}_{i+1} \tag{4.26}$$

进而可以得到每个连杆质心的线加速度为：

$$^{i}\dot{\boldsymbol{v}}_{C_i} = {}^{i}\dot{\boldsymbol{\omega}}_i \times {}^{i}\boldsymbol{P}_{C_i} + {}^{i}\boldsymbol{\omega}_i \times ({}^{i}\boldsymbol{\omega}_i \times {}^{i}\boldsymbol{P}_{C_i}) + {}^{i}\dot{\boldsymbol{v}}_i \tag{4.27}$$

假定坐标系 $\{C\}$ 固定于连杆 i 上，坐标系原点位于连杆质心，且各坐标轴方位与原连杆坐标系 $\{i\}$ 方位相同。由于式（4.27）与关节的运动无关，因此无论是旋转关节还是移动关节，式（4.27）对于第 $i+1$ 个连杆来说都是有效的。

计算每个连杆质心的线加速度和角加速度后，运用牛顿-欧拉公式可以分别计算出作用

在连杆质心上的惯性力和力矩，即

$$\boldsymbol{F}_i = m\dot{\boldsymbol{v}}_{C_i} \tag{4.28}$$

$$\boldsymbol{N}_i = {}^{C_i}\boldsymbol{I}\dot{\boldsymbol{\omega}}_i + \boldsymbol{\omega}_i \times {}^{C_i}\boldsymbol{I}\boldsymbol{\omega}_i \tag{4.29}$$

式中，坐标系$\{C_i\}$的原点位于连杆质心，各坐标轴方位与原连杆坐标系 $\{i\}$ 方位相同。

（2）计算力和力矩的向内迭代法　计算出作用在每个连杆上的力和力矩之后，需要计算关节力矩，它们是实际施加在连杆上的力和力矩。

根据典型连杆在无重力状态下的受力图，如图4.6所示，列出力平衡方程和力矩平衡方程，每个连杆都受到相邻连杆的作用力和作用力矩以及附加的惯性力和力矩。这里定义了一些专用符号用来表示相邻的作用力和力矩：

① $\boldsymbol{f}_i$ 为连杆 $i-1$ 作用在连杆 i 上的力。

② $\boldsymbol{n}_i$ 为连杆 $i-1$ 作用在连杆 i 上的力矩。

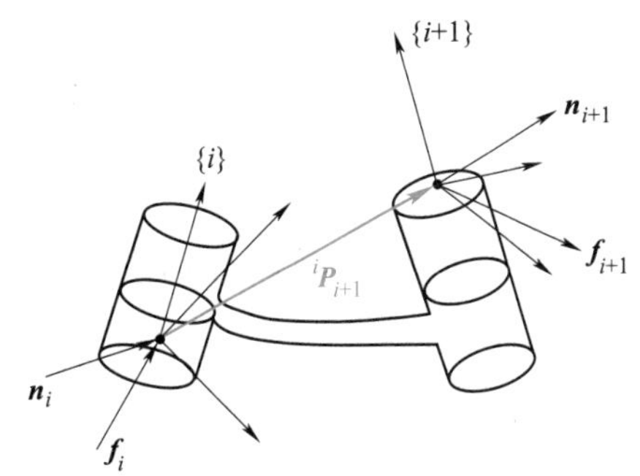

图 4.6　单个连杆的力平衡、力矩平衡

将所有作用在连杆 i 上的力相加，得到力平衡方程如下：

$${}^i\boldsymbol{F}_i = {}^i\boldsymbol{f}_i - {}^i_{i+1}\boldsymbol{R}\,{}^{i+1}\boldsymbol{f}_{i+1} \tag{4.30}$$

将所有作用在质心上的力矩相加，并且令他们的和为零，得到力矩平衡方程如下：

$${}^i\boldsymbol{N}_i = {}^i\boldsymbol{n}_i - {}^i\boldsymbol{n}_{i+1} + (-{}^i\boldsymbol{P}_{C_i}) \times {}^i\boldsymbol{f}_i - ({}^i\boldsymbol{P}_{i+1} - {}^i\boldsymbol{P}_{C_i}) \times {}^i\boldsymbol{f}_{i+1} \tag{4.31}$$

将式（4.30）的结果以及附加旋转矩阵的方法带入式（4.31），可得：

$${}^i\boldsymbol{N}_i = {}^i\boldsymbol{n}_i - {}^i_{i+1}\boldsymbol{R}\,{}^{i+1}\boldsymbol{n}_{i+1} - {}^i\boldsymbol{P}_{C_i} \times {}^i\boldsymbol{F}_i - {}^i\boldsymbol{P}_{i+1} \times {}^i_{i+1}\boldsymbol{R}\,{}^{i+1}\boldsymbol{f}_{i+1} \tag{4.32}$$

最后，重新排列力和力矩方程，形成相邻连杆从高序号向低序号排列的迭代关系分别为：

$${}^i\boldsymbol{f}_i = {}^i_{i+1}\boldsymbol{R}\,{}^{i+1}\boldsymbol{f}_{i+1} + {}^i\boldsymbol{F}_i \tag{4.33}$$

$${}^i\boldsymbol{n}_i = {}^i\boldsymbol{N}_i + {}^i_{i+1}\boldsymbol{R}\,{}^{i+1}\boldsymbol{n}_{i+1} + {}^i\boldsymbol{P}_{C_i} \times {}^i\boldsymbol{F}_i + {}^i\boldsymbol{P}_{i+1} \times {}^i_{i+1}\boldsymbol{R}\,{}^{i+1}\boldsymbol{f}_{i+1} \tag{4.34}$$

应用这些方程对连杆依次求解，从连杆 n 开始向内迭代一直到机器人基座。在静力学中，可通过下式计算一个连杆施加于相邻连杆的力矩在 $\hat{Z}$ 方向的分量求得关节力矩为：

$$\boldsymbol{\tau}_i = {}^i\boldsymbol{n}_i^{\mathrm{T}}\,{}^i\hat{\boldsymbol{Z}}_i \tag{4.35}$$

对于移动关节，有：

$$\boldsymbol{\tau}_i = {}^i\boldsymbol{f}_i^{\mathrm{T}}\,{}^i\hat{\boldsymbol{Z}}_i \tag{4.36}$$

式中，$\boldsymbol{\tau}$ 表示线性驱动力。

注意：对一个在自由空间中运动的机器人来说，${}^{N+1}\boldsymbol{f}_{N+1}$和${}^{N+1}\boldsymbol{n}_{N+1}$等于零，因此应用这些方程首先计算连杆 n 时是很简单的；如果机器人与环境接触，${}^{N+1}\boldsymbol{f}_{N+1}$和${}^{N+1}\boldsymbol{n}_{N+1}$不为零，力平衡方程中就包含了接触力和力矩。

（3）牛顿-欧拉迭代动力学算法　由关节运动计算关节力矩的完整算法由两部分组成：第一部分是对每个连杆应用牛顿-欧拉方程，从连杆 1 到连杆 n 向外迭代计算连杆的速度和加速度；第二部分是对每个连杆 n 到连杆 1 向内迭代计算连杆间的相互作用力和力矩以及关节驱动力矩。对于转动关节来说，这个算法归纳如下：

1）外推，i 由 $0 \to 5$ 向外迭代。

$${}^{i+1}\boldsymbol{\omega}_{i+1} = {}^{i+1}_{i}\boldsymbol{R}\,{}^i\boldsymbol{\omega}_i + \dot{\theta}_{i+1}\,{}^{i+1}\boldsymbol{Z}_{i+1} \tag{4.37}$$

$$ {}^{i+1}\dot{\boldsymbol{\omega}}_{i+1} = {}^{i+1}_{i}\boldsymbol{R}^{i}\dot{\boldsymbol{\omega}}_{i} + {}^{i+1}_{i}\boldsymbol{R}^{i}\boldsymbol{\omega}_{i} \times \dot{\boldsymbol{\theta}}_{i+1}{}^{i+1}\hat{\boldsymbol{Z}}_{i+1} + \ddot{\boldsymbol{\theta}}_{i+1}{}^{i+1}\hat{\boldsymbol{Z}}_{i+1} \tag{4.38} $$

$$ {}^{i+1}\dot{\boldsymbol{v}}_{i+1} = {}^{i+1}_{i}\boldsymbol{R}({}^{i}\dot{\boldsymbol{\omega}}_{i} \times {}^{i}\boldsymbol{P}_{i+1} + {}^{i}\boldsymbol{\omega}_{i} \times ({}^{i}\boldsymbol{\omega}_{i} \times {}^{i}\boldsymbol{P}_{i+1}) + {}^{i}\dot{\boldsymbol{v}}_{i}) \tag{4.39} $$

$$ {}^{i+1}\dot{\boldsymbol{v}}_{C_{i+1}} = {}^{i+1}\dot{\boldsymbol{\omega}}_{i+1} \times {}^{i+1}\boldsymbol{P}_{C_{i+1}} + {}^{i+1}\boldsymbol{\omega}_{i+1} \times ({}^{i+1}\boldsymbol{\omega}_{i+1} \times {}^{i+1}\boldsymbol{P}_{C_{i+1}}) + {}^{i+1}\dot{\boldsymbol{v}}_{i+1} \tag{4.40} $$

$$ {}^{i+1}\boldsymbol{F}_{i+1} = \boldsymbol{m}_{i+1}{}^{i+1}\dot{\boldsymbol{v}}_{C_{i+1}} \tag{4.41} $$

$$ {}^{i+1}\boldsymbol{N}_{i+1} = {}^{C_{i+1}}\boldsymbol{I}_{i+1}{}^{i+1}\dot{\boldsymbol{\omega}}_{i+1} + {}^{i+1}\boldsymbol{\omega}_{i+1} \times {}^{C_{i+1}}\boldsymbol{I}^{i+1}_{i+1}\boldsymbol{\omega}_{i+1} \tag{4.42} $$

2）内推，i 由 6→1 向内迭代。

$$ {}^{i}\boldsymbol{f}_{i} = {}^{i}_{i+1}\boldsymbol{R}^{i+1}\boldsymbol{f}_{i+1} + {}^{i}\boldsymbol{F}_{i} \tag{4.43} $$

$$ {}^{i}\boldsymbol{n}_{i} = {}^{i}\boldsymbol{N}_{i} + {}^{i}_{i+1}\boldsymbol{R}^{i+1}\boldsymbol{n}_{i+1} + {}^{i}\boldsymbol{P}_{C_i} \times {}^{i}\boldsymbol{F}_{i} + {}^{i}\boldsymbol{P}_{i+1} \times {}^{i}_{i+1}\boldsymbol{R}^{i+1}\boldsymbol{f}_{i+1} \tag{4.44} $$

$$ \boldsymbol{\tau}_{i} = {}^{i}\boldsymbol{n}_{i}^{\mathrm{T}\,i}\hat{\boldsymbol{Z}}_{i} \tag{4.45} $$

已知关节位置、速度和加速度，应用式（4.37）~式（4.45）可以计算出所需的关节力矩。

4. 牛顿-欧拉法应用实例

计算如图 4.7 所示平面二连杆机械臂的封闭形式动力学方程。假设机械臂每个连杆的质量都集中在连杆的末端，设其质量分别为 m_1 和 m_2；设其杆长分别为 l_1、l_2，关节角分别为 θ_1、θ_2，关节力矩分别为 $\boldsymbol{\tau}_1$、$\boldsymbol{\tau}_2$；推导过程如下。

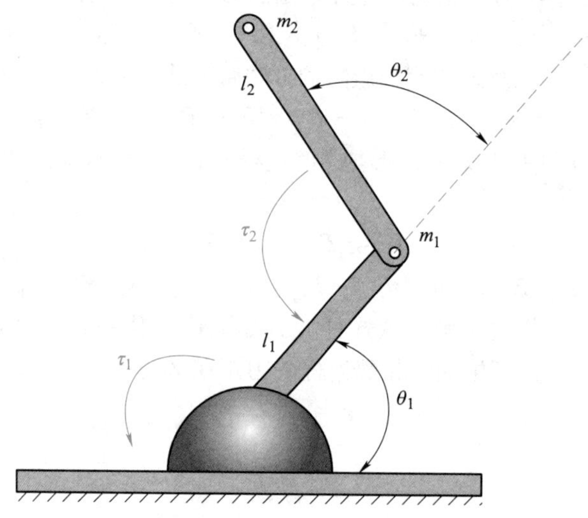

图 4.7　质量集中在连杆末端的平面二连杆机械臂

首先，确定牛顿-欧拉迭代公式中各参量的值。每个连杆质心的位置矢量分别为：

$$ {}^{1}\boldsymbol{P}_{C_1} = l_1\hat{\boldsymbol{X}}_1, {}^{2}\boldsymbol{P}_{C_2} = l_2\hat{\boldsymbol{X}}_2 $$

由于假设为集中质量，因此每个连杆质心的惯性张量为零矩阵，即

$$ {}^{c1}\boldsymbol{I}_1 = 0, {}^{c2}\boldsymbol{I}_2 = 0 $$

末端执行器上没有作用力，因而有：

$$ \boldsymbol{f}_3 = 0, \boldsymbol{n}_3 = 0 $$

机器人基座不旋转，因此有：

$$ \boldsymbol{\omega}_0 = 0, \dot{\boldsymbol{\omega}}_0 = 0 $$

包括重力因素，有：

$$ {}^{0}\dot{\boldsymbol{v}}_0 = g\hat{\boldsymbol{Y}}_0 $$

相邻连杆坐标系之间的相对转动由下式给出：

$$ {}^{i}_{i+1}\boldsymbol{R} = \begin{bmatrix} c_{i+1} & -s_{i+1} & 0.0 \\ s_{i+1} & c_{i+1} & 0.0 \\ 0.0 & 0.0 & 1.0 \end{bmatrix} $$

$$ {}^{i+1}_{i}\boldsymbol{R} = \begin{bmatrix} c_{i+1} & s_{i+1} & 0.0 \\ -s_{i+1} & c_{i+1} & 0.0 \\ 0.0 & 0.0 & 1.0 \end{bmatrix} $$

应用方程式（4.37）~式（4.45），对连杆1用向外迭代法求解如下：

$$ {}^{1}\boldsymbol{\omega}_1 = \dot{\boldsymbol{\theta}}_1 {}^{1}\hat{\boldsymbol{Z}}_1 = \begin{bmatrix} 0 \\ 0 \\ \dot{\boldsymbol{\theta}}_1 \end{bmatrix} $$

$$ {}^{1}\dot{\boldsymbol{\omega}}_1 = \ddot{\theta}_1 {}^{1}\hat{\boldsymbol{Z}}_1 = \begin{bmatrix} 0 \\ 0 \\ \ddot{\boldsymbol{\theta}}_1 \end{bmatrix} $$

$$ {}^{1}\dot{\boldsymbol{v}}_1 = \begin{bmatrix} c_1 & s_1 & 0 \\ -s_1 & c_1 & 0 \\ 0 & 0 & 1 \end{bmatrix} \begin{bmatrix} 0 \\ g \\ 0 \end{bmatrix} = \begin{bmatrix} gs_1 \\ gc_1 \\ 0 \end{bmatrix} $$

$$ {}^{1}\dot{\boldsymbol{v}}_{c_1} = \begin{bmatrix} 0 \\ l_1\ddot{\boldsymbol{\theta}}_1 \\ 0 \end{bmatrix} + \begin{bmatrix} -l_1\dot{\boldsymbol{\theta}}_1^2 \\ 0 \\ 0 \end{bmatrix} + \begin{bmatrix} gs_1 \\ gc_1 \\ 0 \end{bmatrix} = \begin{bmatrix} -l_1\dot{\boldsymbol{\theta}}_1^2 + gs_1 \\ l_1\ddot{\boldsymbol{\theta}}_1 + gc_1 \\ 0 \end{bmatrix} $$

$$ {}^{1}\boldsymbol{F}_1 = \begin{bmatrix} -m_1 l_1\dot{\boldsymbol{\theta}}_1^2 + m_1 g s_1 \\ m_1 l_1\ddot{\boldsymbol{\theta}}_1 + m_1 g c_1 \\ 0 \end{bmatrix} $$

$$ {}^{1}\boldsymbol{N}_1 = \begin{bmatrix} 0 \\ 0 \\ 0 \end{bmatrix} \tag{4.46} $$

对连杆2用向外迭代法求解如下：

$$
{}^{2}\boldsymbol{\omega}_{2}=\begin{bmatrix}0\\0\\\dot{\boldsymbol{\theta}}_{1}+\dot{\boldsymbol{\theta}}_{2}\end{bmatrix}
$$

$$
{}^{2}\dot{\boldsymbol{\omega}}_{2}=\begin{bmatrix}0\\0\\\ddot{\boldsymbol{\theta}}_{1}+\ddot{\boldsymbol{\theta}}_{2}\end{bmatrix}
$$

$$
{}^{2}\dot{\boldsymbol{v}}_{2}=\begin{bmatrix}c_{2}&s_{2}&0\\-s_{2}&c_{2}&0\\0&0&1\end{bmatrix}\begin{bmatrix}-l_{1}\dot{\boldsymbol{\theta}}_{1}^{2}+gs_{1}\\l_{1}\ddot{\boldsymbol{\theta}}_{1}+gc_{1}\\0\end{bmatrix}=\begin{bmatrix}l_{1}\ddot{\boldsymbol{\theta}}_{1}s_{2}-l_{1}\dot{\boldsymbol{\theta}}_{1}^{2}c_{2}+gs_{12}\\l_{1}\ddot{\boldsymbol{\theta}}_{1}c_{2}+l_{1}\dot{\boldsymbol{\theta}}_{1}^{2}s_{2}+gc_{12}\\0\end{bmatrix}
$$

$$
{}^{2}\dot{\boldsymbol{v}}_{c_2}=\begin{bmatrix}0\\l_{2}(\ddot{\boldsymbol{\theta}}_{1}+\ddot{\boldsymbol{\theta}}_{2})\\0\end{bmatrix}+\begin{bmatrix}-l_{2}(\dot{\boldsymbol{\theta}}_{1}+\dot{\boldsymbol{\theta}}_{2})^{2}\\0\\0\end{bmatrix}+\begin{bmatrix}l_{1}\ddot{\boldsymbol{\theta}}_{1}s_{2}-l_{1}\dot{\boldsymbol{\theta}}_{1}^{2}c_{2}+gs_{12}\\l_{1}\ddot{\boldsymbol{\theta}}_{1}c_{2}+l_{1}\dot{\boldsymbol{\theta}}_{1}^{2}s_{2}+gc_{12}\\0\end{bmatrix}
$$

$$
{}^{2}\boldsymbol{F}_{2}=\begin{bmatrix}m_{2}l_{1}\ddot{\boldsymbol{\theta}}_{1}s_{2}-m_{2}l_{1}\dot{\boldsymbol{\theta}}_{1}^{2}c_{2}+m_{2}gs_{12}-m_{2}l_{2}(\dot{\boldsymbol{\theta}}_{1}+\dot{\boldsymbol{\theta}}_{2})^{2}\\m_{2}l_{1}\ddot{\boldsymbol{\theta}}_{1}c_{2}+m_{2}l_{1}\dot{\boldsymbol{\theta}}_{1}^{2}c_{2}+m_{2}gc_{12}+m_{2}l_{2}(\ddot{\boldsymbol{\theta}}_{1}+\ddot{\boldsymbol{\theta}}_{2})\\0\end{bmatrix}
$$

$$
{}^{2}\boldsymbol{N}_{2}=\begin{bmatrix}0\\0\\0\end{bmatrix}\tag{4.47}
$$

对连杆 2 用向内迭代法求解如下：

$$
{}^{2}\boldsymbol{f}_{2}={}^{2}\boldsymbol{F}_{2}
$$

$$
{}^{2}\boldsymbol{n}_{2}=\begin{bmatrix}0\\0\\m_{2}l_{1}l_{2}c_{2}\ddot{\boldsymbol{\theta}}_{1}+m_{2}l_{1}l_{2}s_{2}\dot{\boldsymbol{\theta}}_{1}^{2}+m_{2}l_{2}gc_{12}+m_{2}l_{2}^{2}(\ddot{\boldsymbol{\theta}}_{1}+\ddot{\boldsymbol{\theta}}_{2})\end{bmatrix}\tag{4.48}
$$

对连杆 1 用向内迭代法求解如下：

$$
{}^{1}\boldsymbol{f}_{1}=\begin{bmatrix}c_{2}&-s_{2}&0\\s_{2}&c_{2}&0\\0&0&1\end{bmatrix}\begin{bmatrix}m_{2}l_{2}s_{2}\ddot{\boldsymbol{\theta}}_{1}-m_{2}l_{1}c_{2}\dot{\boldsymbol{\theta}}_{1}^{2}+m_{2}gs_{12}-m_{2}l_{2}(\dot{\boldsymbol{\theta}}_{1}+\dot{\boldsymbol{\theta}}_{2})^{2}\\m_{2}l_{1}c_{2}\ddot{\boldsymbol{\theta}}_{1}+m_{2}l_{1}s_{2}\dot{\boldsymbol{\theta}}_{1}^{2}+m_{2}gc_{12}+m_{2}l_{2}(\ddot{\boldsymbol{\theta}}_{1}+\ddot{\boldsymbol{\theta}}_{2})\\0\end{bmatrix}+
$$

$$
\begin{bmatrix}-m_{1}l_{1}\dot{\boldsymbol{\theta}}_{1}^{2}+m_{1}gs_{1}\\m_{1}l_{1}\ddot{\boldsymbol{\theta}}_{1}+m_{1}gc_{1}\\0\end{bmatrix}
$$

$$
{}^{1}\boldsymbol{n}_1=\begin{bmatrix}0\\0\\m_2l_1l_2c_2\ddot{\boldsymbol{\theta}}_1+m_2l_1l_2s_2\dot{\boldsymbol{\theta}}_1^2+m_2l_2gc_{12}+m_2l_2^2(\ddot{\boldsymbol{\theta}}_1+\ddot{\boldsymbol{\theta}}_2)\end{bmatrix}+\begin{bmatrix}0\\0\\m_1l_1^2\ddot{\boldsymbol{\theta}}_1+m_1l_1gc_1\end{bmatrix}+
$$

$$
\begin{bmatrix}0\\0\\m_2l_1^2\ddot{\boldsymbol{\theta}}_1-m_2l_1l_2s_2(\dot{\boldsymbol{\theta}}_1+\dot{\boldsymbol{\theta}}_2)^2+m_2l_1gs_2s_{12}+m_2l_1l_2c_2(\ddot{\boldsymbol{\theta}}_1+\ddot{\boldsymbol{\theta}}_2)+m_2l_1gc_2c_1\end{bmatrix}\tag{4.49}
$$

取${}^{i}\boldsymbol{n}_1$中的$\hat{Z}$方向分量，得关节力矩为：

$$
\begin{aligned}
\boldsymbol{\tau}_1&=m_2l_2^2(\ddot{\boldsymbol{\theta}}_1+\ddot{\boldsymbol{\theta}}_2)+m_2l_1l_2c_2(2\ddot{\boldsymbol{\theta}}_1+\ddot{\boldsymbol{\theta}}_2)+(m_1+m_2)l_1^2\ddot{\boldsymbol{\theta}}_1-m_2l_1l_2s_2\dot{\boldsymbol{\theta}}_2^2-\\
&\quad 2m_2l_1l_2s_2\dot{\boldsymbol{\theta}}_1\dot{\boldsymbol{\theta}}_2+m_2l_2gc_{12}+(m_1+m_2)l_1gc_1\\
\boldsymbol{\tau}_2&=m_2l_1l_2c_2\ddot{\boldsymbol{\theta}}_1+m_2l_1l_2s_2\dot{\boldsymbol{\theta}}_1^2+m_2l_2gc_{12}+m_2l_2^2(\ddot{\boldsymbol{\theta}}_1+\ddot{\boldsymbol{\theta}}_2)
\end{aligned}\tag{4.50}
$$

式（4.50）将驱动力矩表示为关于关节位置、速度和加速度的函数。注意，如此复杂的函数表达式描述的竟是一个假设的最简单的机械臂。可见，一个封闭形式的6自由度机械臂的动力学方程将是相当复杂的。

4.3　欧拉-拉格朗日方程

欧拉-拉格朗日方程是用广义坐标表示完整工业机器人系统的动力学方程，拉格朗日函数L定义为系统的全部动能T和全部势能U之差，即

$$
L=T-U\tag{4.51}
$$

式中，动能T取决于机器人系统中连杆的位姿（即位置和姿态）和速度；而势能U取决于连杆的位形。系统动力学方程式，即欧拉-拉格朗日方程如下：

$$
\frac{\mathrm{d}}{\mathrm{d}t}\left(\frac{\partial L}{\partial\dot{\boldsymbol{q}}_i}\right)-\frac{\partial L}{\partial\boldsymbol{q}_i}=\boldsymbol{\phi}_i,\text{其中 } i=1,2,\cdots,n\tag{4.52}
$$

式中，$\boldsymbol{\phi}_i$表示与广义坐标$\{q_i\}$相关的广义力；$\dot{\boldsymbol{q}}_i$为相应的广义速度。

4.3.1　动能计算

在机械臂中，连杆是运动部件，连杆i的动能T_i为连杆质心线速度产生的动能和连杆角速度产生的动能之和。因此，对于有n个连杆的机器人系统，其总动能是每一连杆相关运动产生的动能之和，表达如下：

$$
T=\sum_{i=1}^{n}T_i=\frac{1}{2}\sum_{i=1}^{n}(m_i\dot{\boldsymbol{c}}_i^{\mathrm{T}}\dot{\boldsymbol{c}}_i+\boldsymbol{\omega}_i^{\mathrm{T}}\boldsymbol{I}_i\boldsymbol{\omega}_i)\tag{4.53}
$$

式中，$\dot{\boldsymbol{c}}_i$为连杆i的质心C_i的三维线速度矢量；$\boldsymbol{\omega}_i$为连杆i的三维角速度矢量；m_i为连杆i的质量，是标量；$\boldsymbol{I}_i$为连杆i的惯性张量。

由于$\dot{\boldsymbol{c}}_i$和$\boldsymbol{\omega}_i$分别为关节变量$\boldsymbol{\theta}$和关节速度$\dot{\boldsymbol{\theta}}$的函数，由式（4.51）可知机器人的动能是关节变量$\boldsymbol{\theta}$和关节速度$\dot{\boldsymbol{\theta}}$的函数。

4.3.2 势能计算

与动能计算类似，机器人的总势能也是各连杆的势能之和。假设连杆是刚性体，势能的表达如下：

$$U = \sum_{i=1}^{n} U_i = - \sum_{i=1}^{n} m_i \boldsymbol{c}_i^{\mathrm{T}} g \tag{4.54}$$

式中，矢量 $\boldsymbol{c}_i$ 为关节变量的函数，且该函数是非线性的。由此可知，总势能 U 是只关于关节变量 $\boldsymbol{\theta}$ 的函数，与关节速度 $\dot{\boldsymbol{\theta}}$ 无关。

4.3.3 运动方程

按照式（4.53）和式（4.54）计算系统总动能和总势能，式（4.51）中机器人的拉格朗日函数可写为：

$$L = T - U = \sum_{i=1}^{n} \left[\frac{1}{2}(m_i \dot{\boldsymbol{c}}_i^{\mathrm{T}} \dot{\boldsymbol{c}}_i + \boldsymbol{\omega}_i^{\mathrm{T}} \boldsymbol{I}_i \boldsymbol{\omega}_i) + \boldsymbol{m}_i \boldsymbol{c}_i^{\mathrm{T}} g \right] \tag{4.55}$$

拉格朗日函数对关节变量 $\boldsymbol{\theta}$、关节速度 $\dot{\boldsymbol{\theta}}$ 和时间 t 求导可得动力学运动方程，其中势能与关节速度 $\dot{\boldsymbol{\theta}}$ 无关，即有：

$$\frac{\mathrm{d}}{\mathrm{d}t}\left(\frac{\partial T}{\partial \dot{\boldsymbol{q}}_i}\right) - \left(\frac{\partial T}{\partial \boldsymbol{q}_i}\right) + \frac{\partial U}{\partial \boldsymbol{q}_i} = \boldsymbol{\phi}_i, \text{其中 } i = 1,2,\cdots,n \tag{4.56}$$

式中，$\boldsymbol{\phi}_i$ 表示与广义坐标 $\boldsymbol{q}_i$ 相关的广义力；$\dot{\boldsymbol{q}}_i$ 为相应的广义速度。实际计算机械臂动力学时，$\dot{\boldsymbol{\theta}}$ 和 $\boldsymbol{\theta}$ 对应连杆转矩 $\boldsymbol{r}$；而 $\dot{\boldsymbol{b}}$ 和 $\boldsymbol{b}$ 对应连杆推力 $\boldsymbol{f}$。

4.3.4 拉格朗日法仿真实例

机器人是结构复杂的连杆系统，一般采用齐次变换的方法，用拉格朗日方程建立其系统动力学方程，对其位姿和运动状态进行描述。机器人动力学方程的具体推导过程如下：

1）选取坐标系，选定完全而且独立的广义关节变量 $\boldsymbol{q}_i$，其中 $i=1，2，\cdots，n$。

2）选定相应关节上的广义力 $\boldsymbol{F}_i$：当 $\boldsymbol{q}_i$ 是位移变量时，$\boldsymbol{F}_i$ 为力；当 $\boldsymbol{q}_i$ 是角度变量时，$\boldsymbol{F}_i$ 为力矩。

3）求出机器人各构件的动能和势能，构造拉格朗日函数。

4）代入拉格朗日方程求得机器人系统动力学方程。

下面以图 4.8 所示的二自由度机器人为例，说明机器人动力学方程的推导过程。

选取笛卡儿坐标系。连杆 1 和连杆 2 的关节变量分别是转角 θ_1 和 θ_2，连杆 1 和连杆 2 的质量分别是 m_1 和 m_2，杆长分别为 l_1 和 l_2，质心分别在 C_1 和 C_2 处，离关节中心的距离分别为 p_1 和 p_2，其中底座与大地固定。

因此，连杆 1 质心 C_1 的位置坐标为：

$$X_1 = p_1 s\theta_1 \tag{4.57}$$

$$Y_1 = - p_1 c\theta_1 \tag{4.58}$$

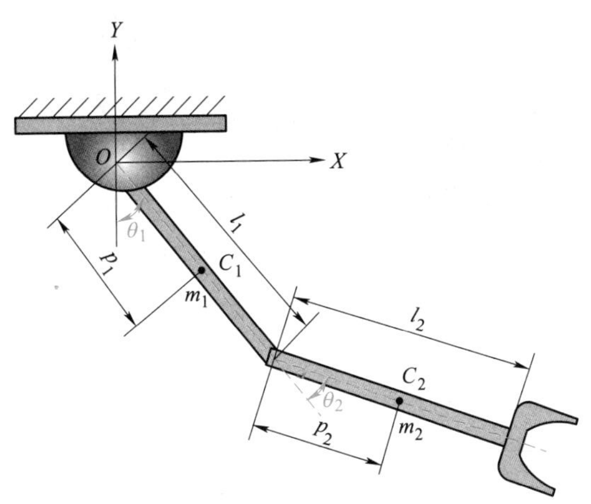

图 4.8　二自由度机器人动力学方程的建立

连杆 1 质心 C_1 速度的平方为：

$$\dot{X}_1^2+\dot{Y}_1^2=(p_1\dot{\theta}_1)^2 \tag{4.59}$$

连杆 2 质心 C_2 的位置坐标为：

$$X_2=l_1 s\theta_1+p_2 s_{12} \tag{4.60}$$

$$Y_2=-l_1 c\theta_1-p_2 c_{12} \tag{4.61}$$

连杆 2 质心 C_2 速度的及其平方分别为：

$$\dot{X}_2=l_1 c\theta_1\dot{\theta}_1+p_2 c_{12}(\dot{\theta}_1+\dot{\theta}_2) \tag{4.62}$$

$$\dot{Y}_2=l_1 s\theta_1\dot{\theta}_1+p_2 s_{12}(\dot{\theta}_1+\dot{\theta}_2) \tag{4.63}$$

$$\dot{X}_2^2+\dot{Y}_2^2=l_1^2\dot{\theta}_1^2+p_2^2(\dot{\theta}_1+\dot{\theta}_2)^2+2l_1p_2(\dot{\theta}_1^2+\dot{\theta}_1\dot{\theta}_2)c\theta_2 \tag{4.64}$$

系统动能为：

$$E_{\mathrm{k}}=\sum E_{\mathrm{k}i}\quad i=1,2 \tag{4.65}$$

$$E_{\mathrm{k1}}=\frac{1}{2}m_1p_1^2\dot{\theta}_1^2 \tag{4.66}$$

$$E_{\mathrm{k2}}=\frac{1}{2}m_2l_1^2\dot{\theta}_1^2+\frac{1}{2}m_2p_2^2(\dot{\theta}_1+\dot{\theta}_2)^2+m_2l_2p_2(\dot{\theta}_1^2+\dot{\theta}_1\dot{\theta}_2)c\theta_2 \tag{4.67}$$

系统势能为：

$$E_{\mathrm{p}}=\sum E_{\mathrm{p}i}\quad i=1,2 \tag{4.68}$$

$$E_{\mathrm{p1}}=m_1gp_1(1-c\theta_1) \tag{4.69}$$

$$E_{\mathrm{p2}}=m_2gl_1(1-c\theta_1)+m_2gp_2(1-c_{12}) \tag{4.70}$$

拉格朗日函数为：

$$\begin{aligned}L&=E_{\mathrm{k}}-E_{\mathrm{p}}\\&=\frac{1}{2}(m_1p_1^2+m_2l_1^2)\dot{\theta}_1^2+m_2l_1p_2(\dot{\theta}_1^2+\dot{\theta}_1\dot{\theta}_2)c\theta_2+\frac{1}{2}m_2p_2^2(\dot{\theta}_1+\dot{\theta}_2)^2-\\&\quad(m_1p_1+m_2l_1)g(1-c\theta_1)-m_2gp_2(1-c_{12})\end{aligned} \tag{4.71}$$

根据图 4.8，选取笛卡儿坐标系，设定连杆 1 的关节变量 $\theta_1=2\times\frac{\pi}{180°}t^2$，则其角速度 $a=4\times\frac{\pi}{180°}t$，连杆 2 的关节变量 $\theta_2=\frac{\pi}{180°}t^2$，则其角速度 $b=2\times\frac{\pi}{180°}t$，连杆 1 的杆长 $l_1=4$，其质量 $m_1=20$，连杆 2 的杆长 $l_2=3$，其质量 $m_2=15$。根据上述动力学方程的推导过程对机械臂 10s 内的动能和势能变化进行仿真求解，仿真结果如下。

```
%MATLAB 仿真代码
t=0:2:10;
theta1=2*pi/180*(t.^2);
theta2=pi/180*(t.^2);
a=4*pi/180*t;
b=2*pi/180*t;
m1=20;
m2=15;
l1=4;
l2=3;
g=9.8;
p1=1/2*l1;
p2=1/2*l2;
X1=p1*sin(theta1);
Y1=-p1*cos(theta1);
V12=(p1*a).^2 ;
X2=l1*sin(theta1)+p2*sin(theta1+theta2);
Y2=-l1*cos(theta1)-p2*cos(theta1+theta2);
V22=(l1^2)*(a.^2)+(p2^2)*((a+b).^2)+2*l1*p2*((a.^2)+a.*b).*cos(theta2);
Ek1=1/2*m1*V12;
Ek2=1/2*m2*V22;
Ek=Ek1+Ek2;
Ep1=m1*g*p1*(1-cos(theta1));
Ep2=m2*g*l1*(1-cos(theta1))+m2*g*p2*(1-cos(theta1+theta2));
Ep=Ep1+Ep2;
figure(1)
subplot(2,1,1);plot(t,Ek,'r','LineWidth',1),xlabel('t'),ylabel('Ek'),grid on;
subplot(2,1,2);plot(t,Ep,'g','LineWidth',2),xlabel('t'),ylabel('Ep'),grid on;
```

图 4.9 所示为动能、势能变化曲线图。

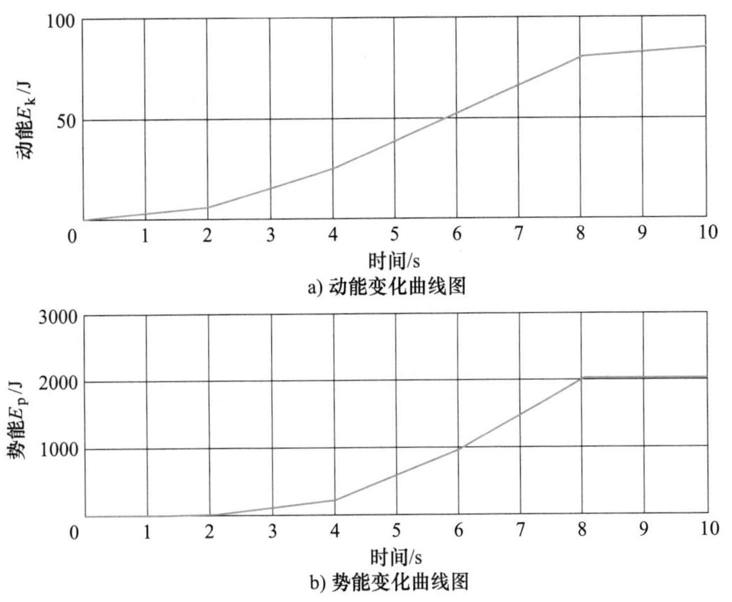

图 4.9　动能、势能变化曲线图

习　　题

4.1　简述欧拉方程的基本原理。

4.2　简述用拉格朗日方程建立机器人动力学方程的步骤。

4.3　动力学方程的简化条件有哪些？

4.4　推导图 4.10 所示二自由度系统的运动方程。

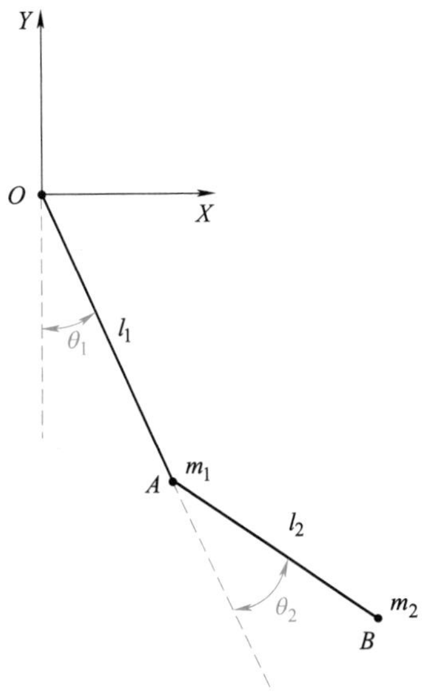

图 4.10　二自由度系统

4.5　用拉格朗日法推导图 4.11 所示二自由度机器人手臂的运动方程。连杆质心位于连杆中心，其转动惯量分别为 $\boldsymbol{I}_1$ 和 $\boldsymbol{I}_2$。

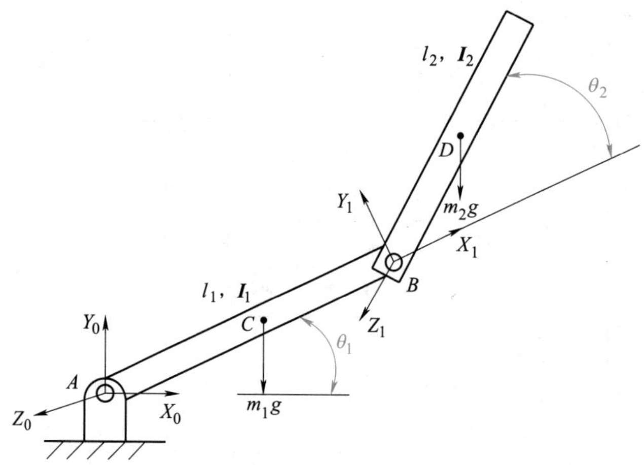

图 4.11　二自由度机器人手臂

第5章 机器人机械臂的运动轨迹规划

机器人机械臂的运动轨迹规划（以下简称为轨迹规划）是指机械臂做运动的指令函数，这种随时间变化的指令函数主要包含两类：一类是点到点的运动，如将部件从一点搬运到另外一点；另外一类是沿着一段连续的曲线运动，如拟合一段焊缝的操作。机械臂执行器的运动规划可以在关节空间规划，也可以在笛卡儿空间规划。

5.1 轨迹规划应考虑的问题

通常将机械手的运动看作是工具坐标系 $\{T\}$ 相对于工作坐标系 $\{S\}$ 的运动。这种描述方法既适用于各种机械手，又适用于同一机械手上装夹的各种工具。对于移动工作台（如传送带），这种方法同样适用。这时工作坐标系 $\{S\}$ 的位姿随时间而变化。

对抓放作业的机器人（如用于上、下料），需要描述它的起始状态和目标状态，工具坐标系的起始值 $\{T_0\}$ 和目标值 $\{T_g\}$。在此用“点”这个词表示工具坐标系位姿，如起始点和目标点等。

对于另一些作业（如弧焊和曲面加工等），不仅要规定机械手的起始点和终止点，还要指明两点之间的若干中间点（称路径点），必须沿特定的路径运动（路径约束）。这类运动称为连续路径运动或轮廓运动，而前者称为点到点运动。

在规划机器人的运动轨迹时，还需要弄清楚在其路径上是否存在障碍物（障碍约束）。路径约束和障碍约束的组合把机器人的规划与控制方式划分为四类，见表5.1。本节主要讨论连续路径的无障碍的轨迹规划方法。轨迹规划可形象地看成一个黑箱，如图5.1所示，其输入包括路径的设定和约束，输出的是机械手末端手部的位姿序列，表示手部在各离散时刻的中间位形。机械手最常用的轨迹规划方法有两种：第一种方法要求用户对于选定的转变节点（插值点）上的位姿、速度和加速度给出一组显示约束（如连续性和光滑程度等），轨迹规划器从一类函数（如 n 次多项式）中选取参数化轨迹，对节点进行插值并满足约束条件；第二种方法要求用户给出运动路径的解析式，如为直角坐标空间中的直线路径，轨迹规划器在关节空间或直角坐标空间中，确定一条轨迹来逼近预定的路径。在第一种方法中，约束的设定和轨迹规划均在关节空间进行，因此可能会与障碍物相碰，第二种方法的路径约束是在直角坐标空间中给定的，而关节驱动器是在关节空间中受控的。因此，为了得到与给定路径十分接近的轨迹，首先必须采用某种函数逼近的方法。将直角坐标路径约束转化为关节坐标路径约束，然后确定满足关节路径约束的参数化路径。

表 5.1　操作臂控制方式

项　目		障碍约束	
		有	无
路径约束	有	离线无碰撞路径规划+在线路径跟踪	离线路径规划+在线路径跟踪
	无	位置控制+在线障碍探测和避障	位置控制

轨迹规划既可在关节空间又可在直角空间中进行，但是所规划的轨迹函数都必须连续和平滑，使得操作臂的运动平稳。在关节空间进行规划时，是将关节变量表示成时间的函数，并规划它的一阶和二阶时间导数；在直角空间进行规划是指将手部位姿、速度和加速度表示为时间的函数。而相应的关节位移、速度和加速度由手部的信息导出。通常通过运动学反解得出关节位移，用逆雅可比矩阵求出关节速度，用逆雅可比矩阵及其导数求解关节加速度。

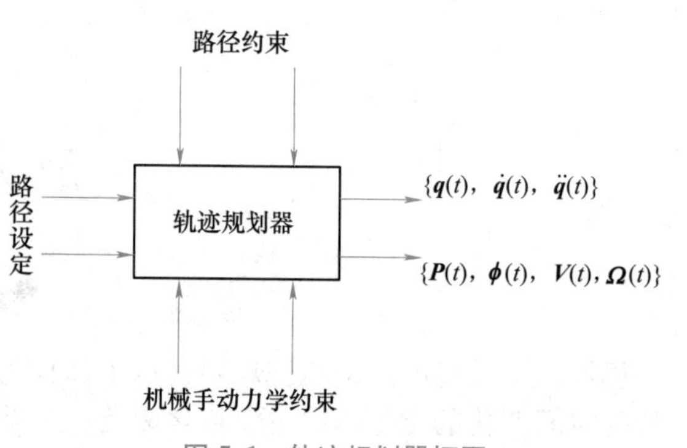

图 5.1　轨迹规划器框图

用户根据作业给出各个路径节点后，规划器的任务包含解变换方程、进行运动学反解和插值运算等。在关节空间进行规划时，大量工作是对关节变量的插值运算。

5.2　关节空间的轨迹规划

5.2.1　三次多项式插值规划

这里假设机器人的初始位姿是已知的，通过求解逆运动学方程可求得机器人期望末端位姿对应的关节角。在机械手运动过程中，由于相应与起始点的关节角度 θ_0 是已知的，而终止点的关节角 θ_f 可以通过运动学逆解得到。因此，运动轨迹的描述可用起始点关节角度的一个平滑插值函数 $\theta(t)$ 来表示。$\theta(t)$ 在 $t_0=0$ 时刻的值是起始关节角度 θ_0，在终端时刻 t_f 的值是 θ_f。显然，平滑插值函数可作为关节插值函数，如图 5.2 所示。

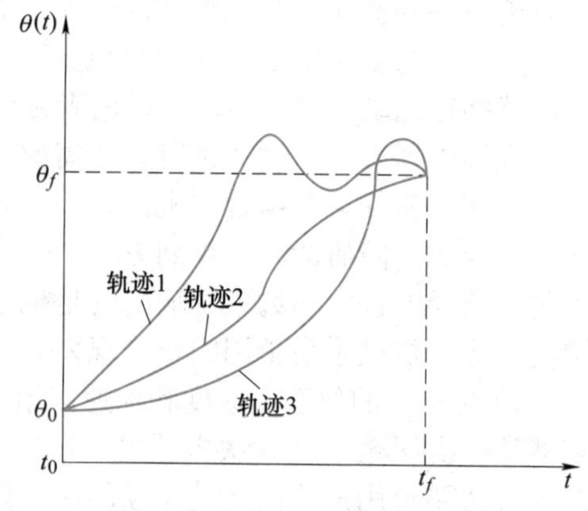

图 5.2　单个关节的不同轨迹曲线

为了实现单个关节的平稳运动，轨迹函数 $\theta(t)$ 至少需要满足 4 个约束条件，其中两个约束条件是起始点和终止点对应的关节角度满足以下方程：

$$\begin{cases}\theta(0)=\theta_0\\ \theta(t_f)=\theta_f\end{cases} \tag{5.1}$$

为了满足关节运动速度的连续性要求，另外还有两个约束条件，即在起始点和终止点的关节速度要求。在当前情况下，规定：

$$\begin{cases}\dot{\theta}(0)=0\\ \dot{\theta}(t_f)=0\end{cases} \tag{5.2}$$

式（5.1）和式（5.2）确定了一个三次多项式，即

$$\theta(t)=a_0+a_1t+a_2t^2+a_3t^3 \tag{5.3}$$

运动轨迹上的关节速度和加速度则分别为：

$$\begin{cases}\dot{\theta}(t)=a_1+2a_2t+3a_3t^2\\ \ddot{\theta}(t)=2a_2+6a_3t\end{cases} \tag{5.4}$$

对式（5.3）和式（5.4）代入相应的约束条件，得到有关系数 a_0、a_1、a_2 和 a_3 的 4 个线性方程为：

$$\begin{cases}\theta_0=a_0\\ \theta_f=a_0+a_1t_f+a_2t_f^2\\ 0=a_1\\ 0=a_1+2a_2t_f+3a_3t_f^2\end{cases} \tag{5.5}$$

求解上述方程组可得：

$$\begin{cases}a_0=\theta_0\\ a_1=0\\ a_2=\dfrac{3}{t_f^2}(\theta_f-\theta_0)\\ a_3=-\dfrac{2}{t_f^3}(\theta_f-\theta_0)\end{cases} \tag{5.6}$$

这组解只用于关节起始速度和终止速度为零的运动情况。对于其他情况，后面另行讨论。

例题 5.1： 如图 5.3 所示的三连杆机械臂，当 $t=0$ 时，$\theta_i=0(i=1,2,3)$；当 $t_f=5\text{s}$ 时，机械臂各个连杆同时运动到 $\theta_1=60°$、$\theta_2=-45°$、$\theta_3=45°$。在 $t=2\text{s}$ 时，使转角 θ_3 满足 $\theta_3=-60°$、$\dot{\theta}_3=20°/\text{s}$、$\ddot{\theta}_3=-10°/\text{s}^2$。假设机械臂在起点和终点的速度和加速度都为 0，对机械臂连杆转角 θ_3 进行三次多项式插值规划，可得出位置、速度和加速度的变化曲线，仿真结果如下。

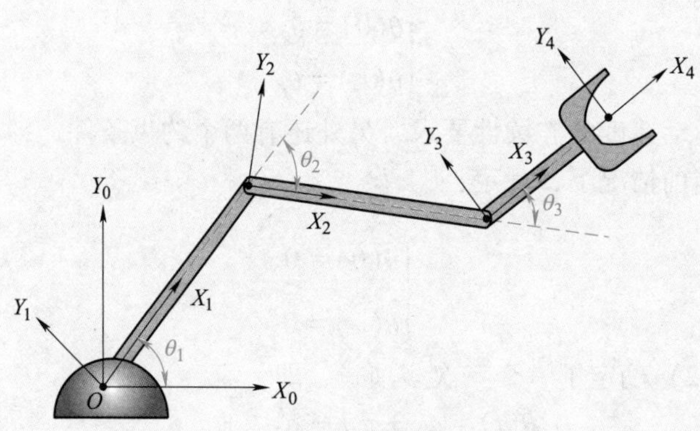

图 5.3　三连杆机械臂

```
%MATLAB 仿真代码
q_array=[0,-60,45];
t_array=[0,2,5];
v_array=[0,20,0];
a_array=[0,-10,0];
t=t_array(1);q=q_array(1);v=v_array(1);a=a_array(1);
for i=1:1:length(q_array)-1
T=t_array(i+1)-t_array(i);
a0=q_array(i);
a1=0;
a2=(q_array(i+1)-q_array(i))*3/(T^2);
a3=(q_array(i)-q_array(i+1))*2/(T^3);
ti=t_array(i):0.02:t_array(i+1);
qi=a0+a1*(ti-t_array(i))+a2*(ti-t_array(i)).^2+a3*(ti-t_array(i)).^3;
vi=a1+2*a2*(ti-t_array(i))+3*a3*(ti-t_array(i)).^2;
ai=2*a2+6*a3*(ti-t_array(i));
t=[t,ti(2:end)];q=[q,qi(2:end)];v=[v,vi(2:end)];a=[a,ai(2:end)];
end
subplot(3,1,1),plot(t,q,'r'),xlabel('t'),ylabel('position');hold on;plot(t_array,q_array,'*','color','r'),grid on;
subplot(3,1,2),plot(t,v,'b'),xlabel('t'),ylabel('velocity');hold on;plot(t_array,v_array,'o','color','g'),grid on;
subplot(3,1,3),plot(t,a,'g'),xlabel('t'),ylabel('accelerate');hold on;plot(t_array,a_array,'^','color','b'),grid on;
```

图 5.4 所示为三次多项式插值规划仿真图。

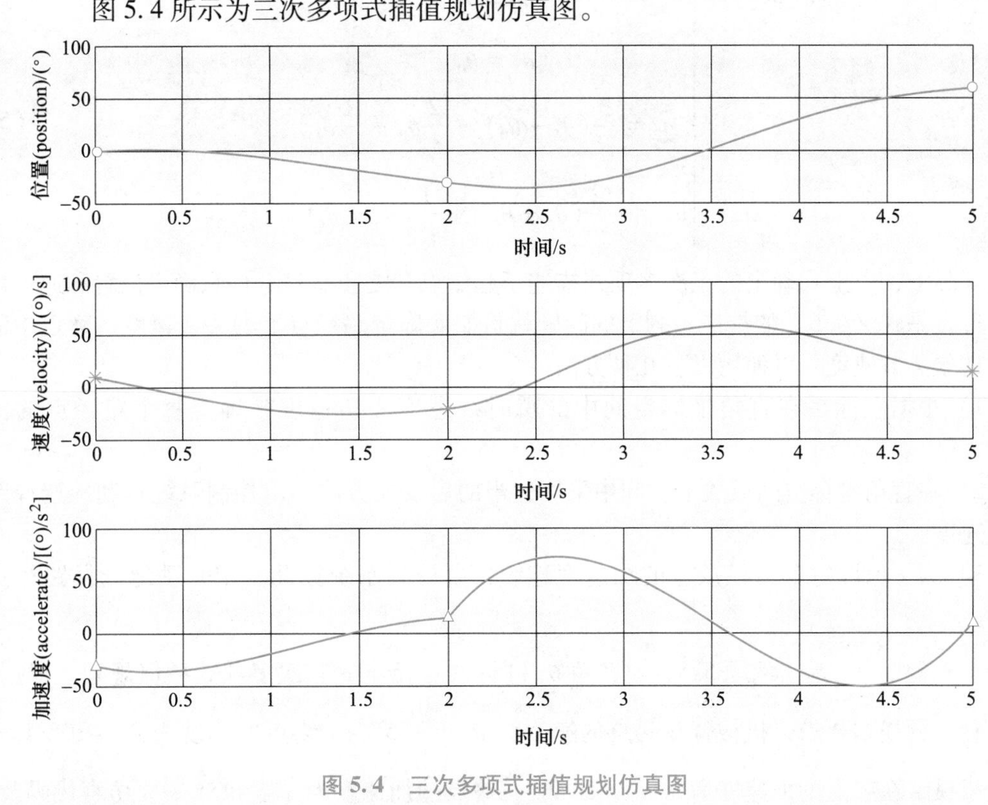

图 5.4　三次多项式插值规划仿真图

5.2.2　过路径点的三次多项式插值规划

一般而言，要求规划过路径点的轨迹。可以把所有路径点也看作是“起始点”或“终止点”，求解逆运动学，得到相应的关节矢量值。然后确定所要求的三次多项式插值函数，把路径点平滑地连接起来。但是，在这些“起始点”或“终止点”的关节运动速度不再是零。

路径点上的关节速度可以根据需要设定，这样一来，确定三次多项式的方法与前面所述的完全相同，只是速度约束条件式（5.2）变为：

$$\begin{cases}\dot{\theta}(0)=\dot{\theta}_0\\ \dot{\theta}(t_f)=\dot{\theta}_f\end{cases}\tag{5.7}$$

确定三次多项式的 4 个方程为：

$$\begin{cases}\theta_0=a_0\\ \theta_f=a_0+a_1t_f+a_2t_f^2+a_3t_f^3\\ \dot{\theta}_0=a_1\\ \dot{\theta}_f=a_1+2a_2t_f+3a_3t_f^2\end{cases}\tag{5.8}$$

求解以上方程组，即可求得三次多项式的系数为：

$$\begin{cases} a_0 = \theta_0 \\ a_1 = \dot{\theta}_0 \\ a_2 = \dfrac{3}{t_f^2}(\theta_f - \theta_0) - \dfrac{2}{t_f}\dot{\theta}_0 - \dfrac{1}{t_f}\dot{\theta}_f \\ a_3 = -\dfrac{2}{t_f^3}(\theta_f - \theta_0) + \dfrac{1}{t_f^2}(\dot{\theta}_0 + \dot{\theta}_f) \end{cases} \tag{5.9}$$

实际上，由上式确定的三次多项式描述了起始点和终止点具有任意确定位置和速度的运动轨迹，是式（5.6）的推广。剩下的问题就是如何确定路径点上的关节速度，确定中间点处的期望关节速度可以使用以下几种方法：

1）根据坐标系在直角坐标空间中的瞬时线速度和角速度来确定每个路径点的关节速度。

2）在直角坐标空间或关节空间中采用适当的启发式方法，由控制系统自动地选择路径点的速度。

3）为了保证每个路径点上的加速度连续，由控制系统按此要求自动地选择路径点的速度。

例题 5.2：基于例题 5.1，对转角 θ_3 进行过路径点的三次多项式插值规划。根据过路径点的规划要求，机械臂在起点的速度为 $\dot{\theta}_{3o} = -15°/s$，终点的速度为 $\dot{\theta}_{3f} = 10°/s$。假设机械臂在起点的加速度为 $\ddot{\theta}_{3o} = -20°/s^2$，终点的加速度为 $\ddot{\theta}_{3f} = 15°/s^2$。仿真代码及结果如下。

```
%MATLAB 仿真代码
q_array=[0,-60,45];
t_array=[0,2,5];
v_array=[-15,20,10];
a_array=[-20,-10,15];
t=t_array(1);q=q_array(1);v=v_array(1);a=a_array(1);
for i=1:1:length(q_array)-1
T=t_array(i+1)-t_array(i);
a0=q_array(i);
a1=v_array(i);
a2=(q_array(i+1)-q_array(i))*3/(T^2)-(2*v_array(i)+v_array(i+1))/T;
a3=(q_array(i)-q_array(i+1))*2/(T^3)+(v_array(i)+v_array(i+1))/(T^2);
ti=t_array(i):0.02:t_array(i+1);
qi=a0+a1*(ti-t_array(i))+a2*(ti-t_array(i)).^2+a3*(ti-t_array(i)).^3;
vi=a1+2*a2*(ti-t_array(i))+3*a3*(ti-t_array(i)).^2;
ai=2*a2+6*a3*(ti-t_array(i));
t=[t,ti(2:end)];q=[q,qi(2:end)];v=[v,vi(2:end)];a=[a,ai(2:end)];
end
```

```
subplot(3,1,1),plot(t,q,'r'),xlabel('t'),ylabel('position');hold on;plot(t_array,q_array,'*','color','r'),grid on;
subplot(3,1,2),plot(t,v,'b'),xlabel('t'),ylabel('velocity');hold on;plot(t_array,v_array,'o','color','g'),grid on;
subplot(3,1,3),plot(t,a,'g'),xlabel('t'),ylabel('accelerate');hold on;plot(t_array,a_array,'^','color','b'),grid on;
```

图 5.5 所示为过路径点的三次多项式插值规划仿真图。

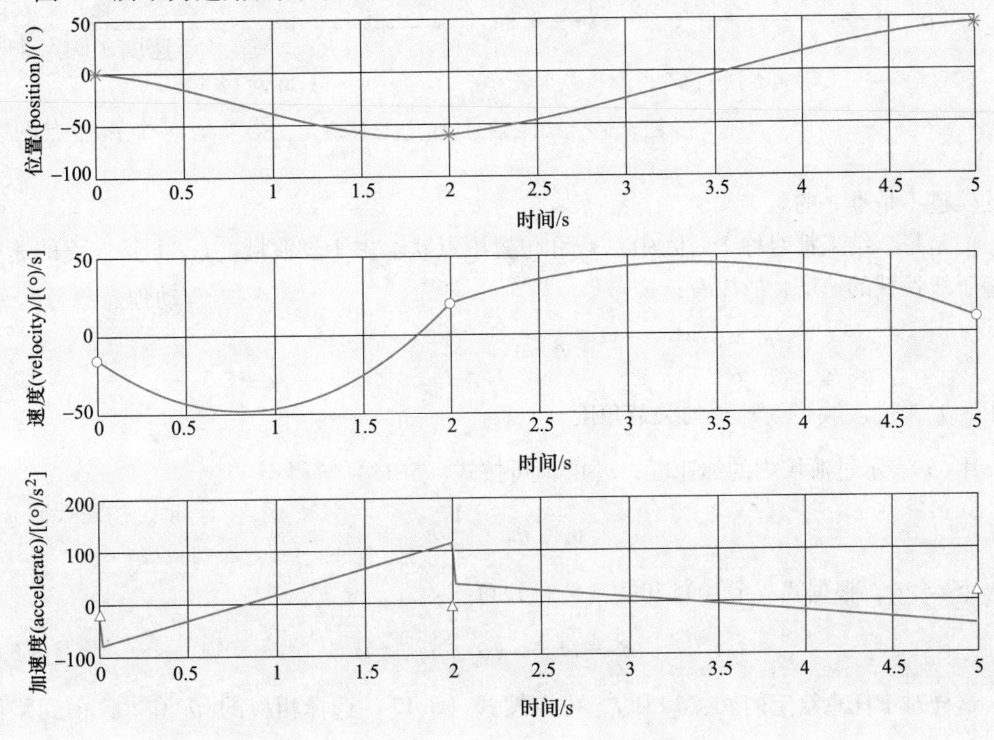

图 5.5 过路径点的三次多项式插值规划仿真图

5.2.3 用抛物线过渡的线性插值规划

对于给定的起始点和终止点的关节角度，可以选择直线插值函数来表示路径的形状，但是末端执行器在空间的运动轨迹一般不是直线。单纯的线性插值将导致在节点处关节运动速度不连续，加速度无限大。为了生成一条位置和速度都连续的平滑运动轨迹，在使用线性插值时，在每个节点增加一段抛物线拟合区域。由于抛物线对于时间的二阶导数为常数，即相应区段内的加速度恒定不变，这样使得平滑过渡，不至于在节点处产生跳跃。线性函数与两段抛物线函数平滑衔接在一起形成的轨迹，称为带有抛物线过渡域线性轨迹，如图 5.6 所示。

为了构造这段运动轨迹，假设这两段的过渡域（抛物线）具有相同的持续时间，因而在这两个域中采用相同的恒加速度值，只是符号相反。正如图 5.6b 所示，存在多个解，得

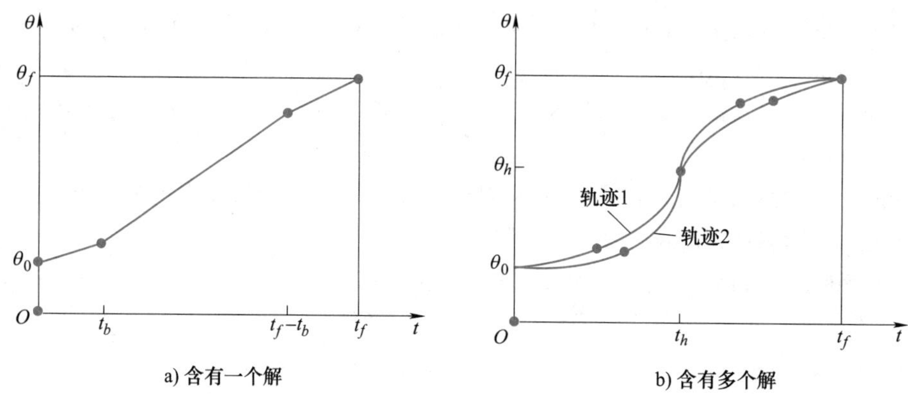

图 5.6　带抛物线过渡的线性插值

到的轨迹不是唯一的。

但是每个结果都对称于时间中点 t_h 和位置中点 θ_h。由于过渡域 $[t_0, t_b]$ 终点的速度必须等于线性域的速度，所以有：

$$\dot{\theta}_{tb} = \frac{\theta_h - \theta_b}{t_h - t_b} \tag{5.10}$$

式中，θ_b 为过渡域终点 t_b 处的关节角度。

用 $\ddot{\theta}$ 表示过渡域内的加速度，θ_b 的值可按式（5.11）解得：

$$\theta_b = \theta_0 + \frac{1}{2}\ddot{\theta}t_b^2 \tag{5.11}$$

令 $t=2t_h$，根据式（5.10）和式（5.11）可得：

$$\ddot{\theta}t_b^2 - \ddot{\theta}tt_b + (\theta_f - \theta_0) = 0 \tag{5.12}$$

这样对于任意给定的 θ_f、θ_0 和 t，可以按式（5.12）选择相应的 $\ddot{\theta}$ 和 t_b，得到路径曲线。通常的做法是先选择加速度 $\ddot{\theta}$ 的值，然后按式（5.12）算出相应的 t_b，即

$$t_b = \frac{t}{2} - \frac{\sqrt{\ddot{\theta}^2t^2 - 4\ddot{\theta}(\theta_f - \theta_0)}}{2\ddot{\theta}} \tag{5.13}$$

由式（5.13）可知：为保证 t_b 有解，过渡域加速度值 $\ddot{\theta}$ 必须选得足够大，即：

$$\ddot{\theta} \geqslant \frac{4(\theta_f - \theta_0)}{t^2} \tag{5.14}$$

当式（5.14）中的等号成立时，线性域的长度缩减为零，整个路径段由两个过渡域组成，这两个过渡域在衔接处的斜率（代表速度）相等。当加速度的取值越来越大，过渡域的长度会越来越短。如果加速度选为无限大，路径又恢复到简单的线性插值情况。

例题 5.3：一个旋转关节在 3s 内从起始点 $\theta_0=10°$ 运动到终止点 $\theta_f=60°$，对该关节进行不过路径点用抛物线过渡的线性插值规划仿真计算。

解：首先选取过渡域的加速度 $\ddot{\theta}$，其应满足：

$$\ddot{\theta} \geqslant \frac{4(\theta_f - \theta_0)}{t^2} = \frac{200°}{9s^2} \approx 22.2°/s^2$$

选取 $\ddot{\theta} = 30°/s^2$，求得 $t_b = 0.7362s$，可得关节的轨迹函数为：

$$\theta(t) = \begin{cases} 10 + 15t^2 & 0 \leqslant t < 0.7362 \\ 1.8702 + 22.0860t & 0.7362 \leqslant t < 2.2638 \\ -15t^2 + 90t - 75 & 2.2638 \leqslant t \leqslant 3 \end{cases}$$

3s 内关节的角度变化如图 5.7 所示。可以看出关节的角度变化是光滑的。关节的角速度和角加速度的变化分别如图 5.8 和图 5.9 所示。关节的角速度曲线呈梯形，由加速段、匀速段和减速段组成，属于等加速等减速运动。关节的角加速度曲线由多个线段组成，变化不光滑，存在加速度瞬时要达到某个值及瞬时又要变为零的突变，这会造成关节的振动冲击。

关节角度的 MATLAB 仿真代码为：

```
t=0:0.0001:3;
theta=zeros(size(t));
for i=1:length(t)
if t(i)<0.7362
theta(i)= 10+15*(t(i).^2);
elseif(t(i)>=0.7362)&&(t(i)<=2.2638)
theta(i)= 1.8702+22.0860*t(i);
else
theta(i)= -15*(t(i).^2)+90*t(i)-75;
end
end
plot(t,theta)
```

关节角度仿真结果如图 5.7 所示。

关节角速度的仿真代码为：

```
t=0:0.0001:3
w=zeros(size(t))
for i=1:length(t)
if t(i)<0.7362
w(i)= 30*t(i);
elseif(t(i)>=0.7362)&&(t(i)<=
2.2638)
w(i)= 22.0860;
else
w(i)= -30*t(i)+90;
end
```

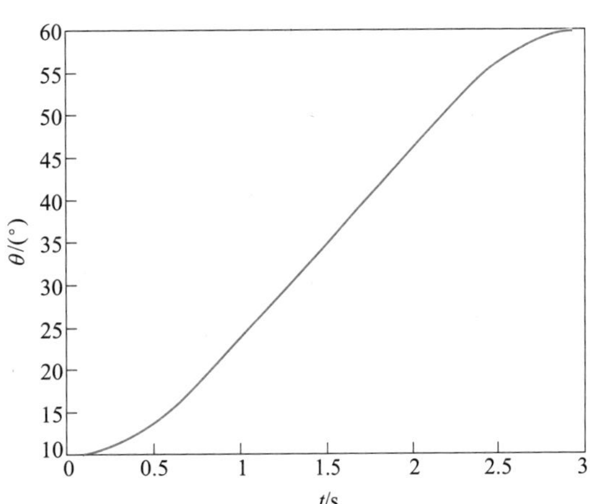

图 5.7　关节角度变化曲线图

```
end
plot(t,w)
```

关节角速度的仿真结果如图 5.8 所示。

关节角加速度的仿真代码为：

```
t=0:0.0001:3
a=zeros(size(t))
for i=1:length(t)
if t(i)<0.7362
a(i)=30;
elseif(t(i)>=0.7362)&&(t(i)<=2.2638)
a(i)=0;
else
a(i)=-30;
end
end
plot(t,a)
```

关节角加速度的仿真结果如图 5.9 所示。

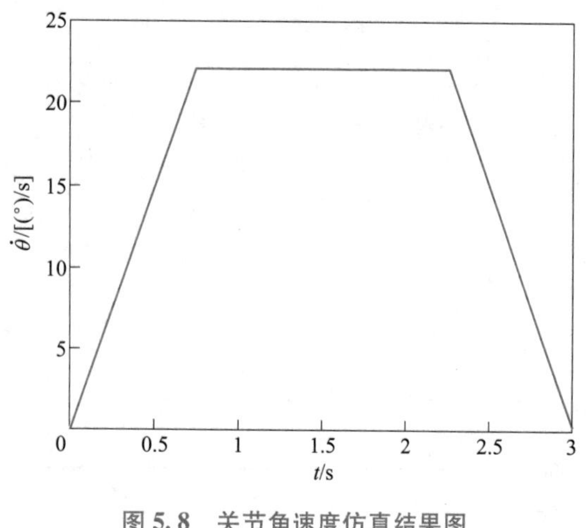

图 5.8 关节角速度仿真结果图

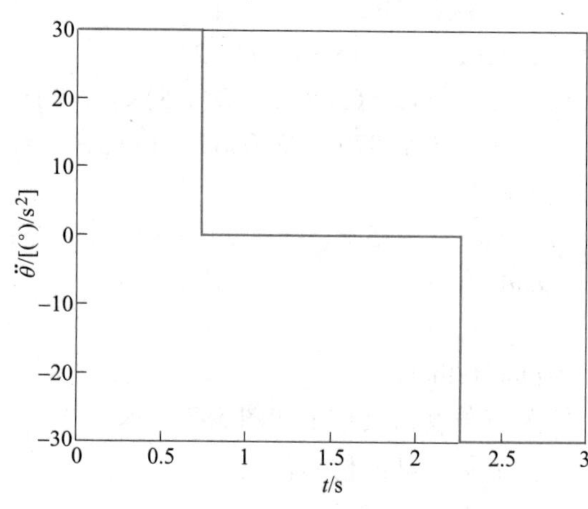

图 5.9 关节角加速度仿真结果图

5.2.4 过路径点用抛物线过渡的线性插值规划

如图 5.10 所示，某个关节在运动中设有 n 个路径点，其中三个相邻的路径点表示为 j、k 和 l，每两个相邻的路径点之间都以线性函数相连，而所有路径点附近由抛物线过渡。

在图 5.10 中，在 k 点的过渡域的持续时间为 t_k；点 j 和点 k 之间线性域的持续时间为 t_{jk}；连接 j 与 k 点的路径段全部持续时间为 t_{djk}。另外，j 与 k 点之间线性域速度为 $\dot{\theta}_{jk}$，j 点过渡域的加速度为 $\ddot{\theta}_j$。现在的问题是在含有路径点的情况下，如何确定带有抛物线过渡域的线性轨迹。

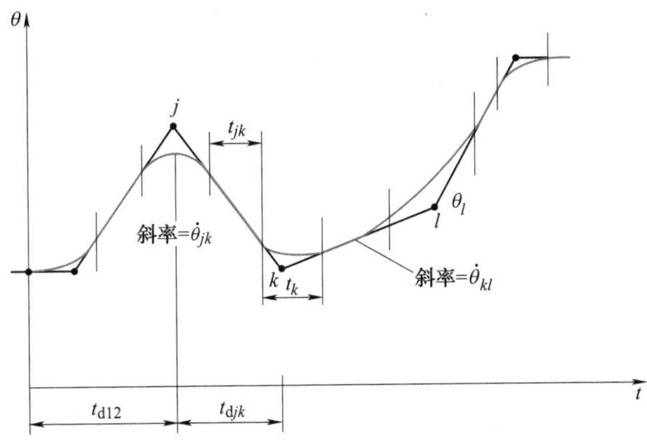

图 5.10　多段带有抛物线过渡的线性插值轨迹

与上述用抛物线过渡的线性插值相同，这个问题有许多解，每一解对应于一个选取的速度值。给定任意路径点的位置 θ_k、持续时间 t_{djk}及加速度的绝对值$|\ddot{\theta}_k|$，可以计算出过渡域的持续时间 t_k。对于那些内部路径段（j、$k\neq1$，2；j、$k\neq n-1$），根据下列方程求解：

$$\begin{cases}\dot{\theta}_{jk}=\dfrac{\theta_h-\theta_b}{t_{djk}}\\ \ddot{\theta}_k=\operatorname{sgn}(\dot{\theta}_{kl}-\dot{\theta}_{jk})|\ddot{\theta}_k|\\ t_k=\dfrac{\dot{\theta}_{kl}-\dot{\theta}_{jk}}{\ddot{\theta}_k}\\ t_{jk}=t_{djk}-\dfrac{1}{2}t_j-\dfrac{1}{2}t_k\end{cases}\tag{5.15}$$

第一个路径段和最后一个路径段的处理与式（5.15）略有不同，因为轨迹端部的整个过渡域的持续时间都必须计入这一路径段内。对于第一个路径段，令线性域速度的两个表达式相等，就可求出 t_1，计算式为：

$$\frac{\theta_2-\theta_1}{t_{d12}-\dfrac{1}{2}t_1}=\ddot{\theta}_1t_1\tag{5.16}$$

根据式（5.16）算出起始点过渡域的持续时间 t_1 之后，进而求出 $\dot{\theta}_{12}$和 t_{12}，即：

$$\begin{cases}\ddot{\theta}_1=\operatorname{sgn}(\dot{\theta}_2-\dot{\theta}_1)|\ddot{\theta}_1|\\ t_1=t_{d12}-\sqrt{t_{d12}^2-\dfrac{2(\theta_2-\theta_1)}{\ddot{\theta}_1}}\\ \dot{\theta}_{12}=\dfrac{\theta_2-\theta_1}{t_{d12}-\dfrac{1}{2}t_1}\\ t_{12}=t_{d12}-t_1-\dfrac{1}{2}t_2\end{cases}\tag{5.17}$$

对于最后一个路径段，路径点 $n-1$ 与终止点 n 之间的参数与第一个路径段相似，即

$$\frac{\theta_{n-1}-\theta_n}{t_{d(n-1)n}-\frac{1}{2}t_n}=\ddot{\theta}_n t_n \tag{5.18}$$

根据式（5.18）便可求出：

$$\begin{cases}\ddot{\theta}_n=\operatorname{sgn}(\dot{\theta}_{n-1}-\dot{\theta}_n)\,|\ddot{\theta}_n| \\ t_n=t_{d(n-1)n}-\sqrt{t_{d(n-1)n}^2+\dfrac{2(\theta_n-\theta_{n-1})}{\ddot{\theta}_n}} \\ \dot{\theta}_{(n-1)n}=\dfrac{\theta_n-\theta_{n-1}}{t_{d(n-1)n}-\frac{1}{2}t_n} \\ t_{(n-1)n}=t_{d(n-1)n}-t_n-\dfrac{1}{2}t_{n-1}\end{cases} \tag{5.19}$$

式（5.15）~式（5.19）可用来求出多段轨迹中各个过渡域的时间和速度。通常用户只需给定路径点和各个路径段的持续时间，在这种情况下，系统使用各个关节的隐含加速度值，为了方便起见，系统还可以按隐含速度值来计算持续时间。对于各段的过渡域，加速度值应取得足够大，以使各路径段有足够长的线性域。

值得注意的是：多段用抛物线过渡的直线样条函数一般并不经过哪些路径点，除非在这些路径点处停止。若选的加速度充分大，则实际路径将与理想路径点十分靠近。如果要求机器人途经某个节点，那么将轨迹分成两段，把此点作为前一段的终止点和后一段的起始点即可。

例题 5.4：基于例 5.1，对转角 θ_1 进行过路径点用抛物线过渡的线性插值规划。按线性插值规划要求，当 $t_f=5\text{s}$ 时，机械臂各个连杆同时运动到 $\theta_1=60°$、$\theta_2=-30°$、$\theta_3=-60°$。当 $t=2.5\text{s}$ 时，使转角满足 $\theta_{11}=90°$、$\dot{\theta}_{11}=10°/\text{s}$、$\ddot{\theta}_{11}=-30°/\text{s}^2$。设定机械臂在起点和终点的速度和加速度都为 0，并且 $\Delta=0.5\text{s}$，进行仿真计算。

解：规划曲线穿过点 θ_{11} 的规划步骤如下：

1）确定区段（θ_{101},θ_{11}）和（θ_{11},θ_{1f2}）的两直线方程。

2）通过区段（θ_{101},θ_{11}）和（θ_{11},θ_{1f2}）的直线方程找到点 θ_{112} 和 θ_{113}。

3）确定区段（$\theta_{101},\theta_{112}$）和（$\theta_{113},\theta_{1f2}$）的两直线方程。

4）取时间段 $\Delta=0.5\text{s}$，找到 4 个点 θ_{102}、θ_{111}、θ_{114} 和 θ_{1f1}。

5）将边界条件分别带入系数计算式，计算并导出在（$\theta_{102},\theta_{111}$）和（$\theta_{114},\theta_{1f1}$）内为直线，而在（$\theta_{10},\theta_{102}$）、（$\theta_{111},\theta_{11}$）、（$\theta_{11},\theta_{114}$）和（$\theta_{1f1},\theta_{1f}$）内为曲线的规划方程。

首先，区段（θ_{101}，θ_{11}）和（θ_{11}，θ_{1f2}）的两直线方程分别为：

$$\theta_a(t)=-22.5+45t$$

$$\theta_b(t)=-127.5-15t$$

由 $\theta_a(t)$ 和 $\theta_b(t)$ 两直线方程可以计算出 $\theta_{112}(2)$ 和 $\theta_{113}(3)$ 分别为：

$$\theta_{112}(2)=[\theta_a(2)+\theta_b(2)]/2=82.5$$

$$\theta_{113}(3)=[\theta_a(3)+\theta_b(3)]/2=97.5$$

再由 $\theta_{112}(2)$ 和 $\theta_{113}(3)$ 可以确定区段（θ_{101}，θ_{112}）和（θ_{113}，θ_{1f2}）的两直线方程分别为：

$$\theta_c(t)=-27.5+55t$$

$$\theta_d(t)=172.5-25t$$

进一步由直线方程 $\theta_c(t)$ 和 $\theta_d(t)$ 可以计算出4个点的 θ_{102}、θ_{111}、θ_{114}和 θ_{1f1}分别为：

$$\theta_{102}(1)=\theta_c(1)=27.5$$

$$\theta_{111}(1.5)=\theta_c(1.5)=55.0$$

$$\theta_{114}(3.5)=\theta_d(3.5)=85.0$$

$$\theta_{1f1}(4)=\theta_d(4)=68.5$$

根据规划曲线的速度和加速度的连续性，可以列出边界条件见表5.2。

表5.2　区段（θ_{101}，θ_{11}）和（θ_{11}，θ_{1f2}）的两直线方程边界条件表

边界条件	θ	$\dot{\theta}$	$\ddot{\theta}$
θ_{10}	0.0	0.0	0.0
θ_{102}	27.5	55.0	0.0
θ_{111}	55.0	55.0	0.0
θ_{11}	90.0	10.0	-30
θ_{114}	85.0	-25.0	0.0
θ_{1f1}	72.5	-25.0	0.0
θ_{1f}	60.0	0.0	0.0

根据表5.2的边界条件计算各个区段的系数，得出规划方程为：

$\theta_1(t)=55t^3-27.5t^4$　　$0s\leqslant t<1s$

$\theta_2(t)=-27.5+55t$　　$1s\leqslant t<1.5s$

$\theta_3(t)=55+55(t-1.5)-35(t-1.5)^3+15(t-1.5)^4$　　$1.5s\leqslant t<2.5s$

$\theta_4(t)=90+10(t-2.5)-15(t-2.5)^2+35(t-2.5)^3-65(t-2.5)^4+30(t-2.5)^5$　　$2.5s\leqslant t<3.5s$

$\theta_5(t)=172.5-25t$　　$3.5s\leqslant t<4s$

$\theta_6(t)=72.5-25(t-4)+25(t-4)^3-12.5(t-4)^4$　　$4s\leqslant t\leqslant 5s$

确定过渡点的MATLAB仿真代码如下：

```
t1=0.5:0.1:3;
t2=2:0.1:4.5;
t3=0.5:0.1:2;
t4=3:0.1:4.5;
theta1=-22.5+45*t1;
theta2=127.5-15*t2;
```

```
theta3=-27.5+55*t3;
theta4=172.5-25*t4;
plot(t1,theta1,'b');
hold on;
plot(t2,theta2,'b');
hold on;
plot(t3,theta3,'b');
hold on;
plot(t4,theta4,'b');
axis([0 5 0 100]);
```

规划方程的 MATLAB 仿真代码如下：

```
t=0:0.1:5;
theta=zeros(size(t));
for i=1:length(t)
if t(i)<1
        theta(i)=55*(t(i).^3)-27.5*(t(i).^4);
    else if (t(i)>=1)&&(t(i)<1.5)
        theta(i)=-27.5+55*t(i);
    else if (t(i)>=1.5)&&(t(i)<2.5)
        theta(i)=55+55*(t(i)-1.5)-35*((t(i)-1.5).^3)+15*((t(i)-1.5).^4);
    else if (t(i)>=2.5)&&(t(i)<3.5)
        theta(i)=90+10*(t(i)-2.5)-15*((t(i)-2.5).^2)+35*((t(i)-2.5).^3)-
65*((t(i)-2.5).^4)+30*((t(i)-2.5).^5);
    elseif (t(i)>=3.5)&&(t(i)<4)
        theta(i)=172.5-25*t(i);
    else
        theta(i)=72.5-25*(t(i)-4)+25*((t(i)-4).^3)-12.5*((t(i)-4).^4);
    end
end
plot(t,theta)
```

由以上两段仿真代码得到图 5.11 所示的穿过中间点的轨迹规划示意图。

5.2.5 高阶多项式插值规划

如果对于运动轨迹的要求更为严格，约束条件增多，那么三次多项式就不能满足需要，必须用更高阶的多项式对运动轨迹的路径段进行插值。例如，对某段路径的起始点和终止点都规定了关节的位置、速度和加速度，则要用一个五次多项式进行插值，即

$$\theta(t) = a_0 + a_1 t + a_2 t^2 + a_3 t^3 + a_4 t^4 + a_5 t^5 \tag{5.20}$$

多项式的系数 a_0、a_1、a_2、a_3、a_4 和 a_5 必须满足以下 6 个约束条件：

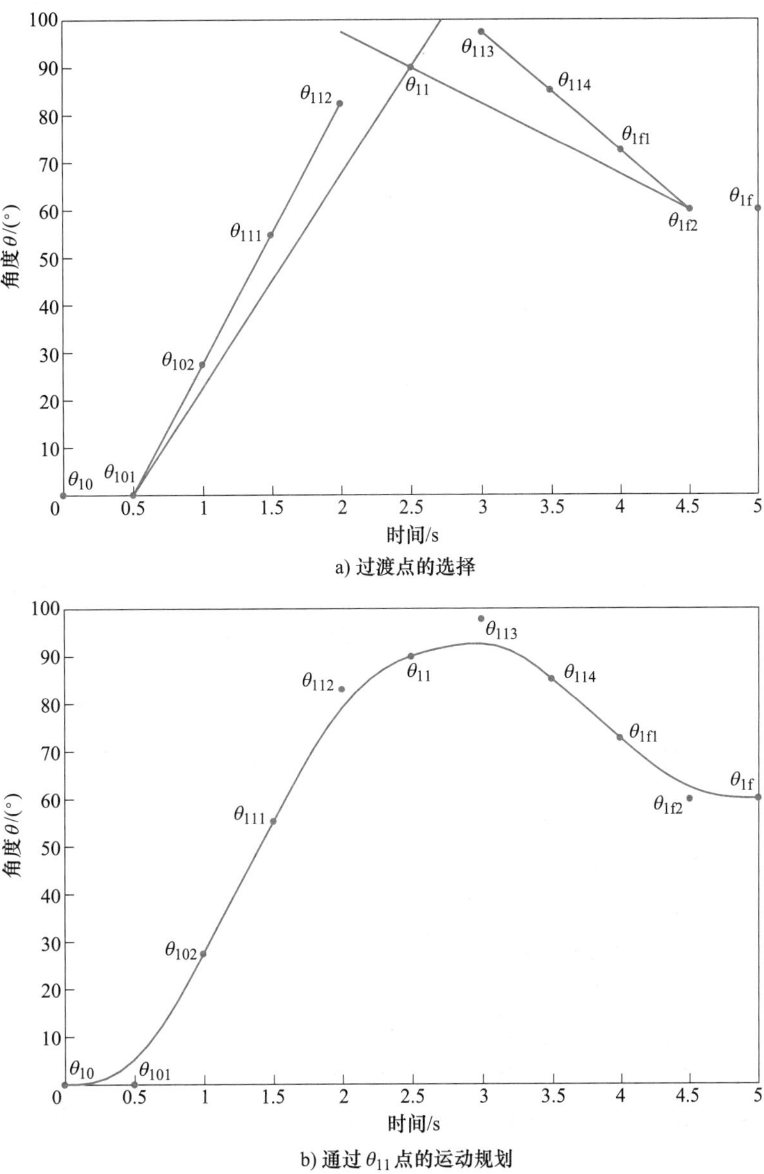

a) 过渡点的选择

b) 通过 θ_{11} 点的运动规划

图 5.11　穿过中间点的轨迹规划

$$
\begin{cases}
\theta_0 = a_0 \\
\theta_f = a_0 + a_1 t_f + a_2 t_f^2 + a_3 t_f^3 + a_4 t_f^4 + a_5 t_f^5 \\
\dot{\theta}_0 = a_1 \\
\dot{\theta}_f = a_1 + 2a_2 t_f + 3a_3 t_f^2 + 4a_4 t_f^3 + 5a_5 t_f^4 \\
\ddot{\theta}_0 = 2a_2 \\
\ddot{\theta}_f = 2a_2 + 6a_3 t_f + 12a_4 t_f^2 + 20a_5 t_f^3
\end{cases}
\tag{5.21}
$$

这个线性方程组含有6个未知数和6个方程，其解为：

$$\begin{cases} a_0 = \theta_0 \\ a_1 = \dot{\theta}_0 \\ a_2 = \dfrac{\ddot{\theta}_0}{2} \\ a_3 = \dfrac{20\theta_f - 20\theta_0 - (8\dot{\theta}_f + 12\dot{\theta}_0)t_f - (3\ddot{\theta}_0 - \ddot{\theta}_f)t_f^2}{2t_f^3} \\ a_4 = \dfrac{30\theta_0 - 30\theta_f + (14\dot{\theta}_f + 16\dot{\theta}_0)t_f + (3\ddot{\theta}_0 - 2\ddot{\theta}_f)t_f^2}{2t_f^4} \\ a_5 = \dfrac{12\theta_f - 12\theta_0 - (6\dot{\theta}_f + 6\dot{\theta}_0)t_f - (\ddot{\theta}_0 - \ddot{\theta}_f)t_f^2}{2t_f^5} \end{cases} \tag{5.22}$$

例题5.5：基于例题5.1，对转角 θ_1 进行五次多项式的插值规划。按五次多项式插值规划要求，当 $t_f=5s$ 时，机械臂各个连杆同时运动到 $\theta_1=60°$、$\theta_2=120°$、$\theta_3=-120°$；当 $t=2s$ 时，使转角 θ_1 满足 $\theta_1=-30°$、$\dot{\theta}_1=-20°/s$、$\ddot{\theta}_1=15°/s^2$。机械臂在起点的速度为 $\dot{\theta}_{10}=10°/s$，终点的速度为 $\dot{\theta}_{1f}=15°/s$；在起点的加速度为 $\ddot{\theta}_{10}=-30°/s^2$，终点的加速度为 $\ddot{\theta}_{1f}=10°/s^2$。按上述已知条件进行仿真计算。

解：仿真计算过程如下。

```
%MATLAB 仿真代码
q_array=[0,-30,60];%指定起止位置
t_array=[0,2,5];%指定起止时间
v_array=[10,-20,15];%指定起止速度
a_array=[-30,15,10];%指定起止加速度
t=t_array(1);q=q_array(1);v=v_array(1);a=a_array(1);%初始状态
for i=1:1:length(q_array)-1 %每一段规划的时间
T=t_array(i+1)-t_array(i);
a0=q_array(i);
a1=v_array(i);
a2=a_array(i)/2;
a3=(20*q_array(i+1)-20*q_array(i)-(8*v_array(i+1)+12*v_array(i))*T-(3
*a_array(i)-a_array(i+1))*T^2)/(2*T^3);
a4=(30*q_array(i)-30*q_array(i+1)+(14*v_array(i+1)+16*v_array(i))*T
+(3*a_array(i)-2*a_array(i+1))*T^2)/(2*T^4);
a5=(12*q_array(i+1)-12*q_array(i)-(6*v_array(i+1)+6*v_array(i))*T-(a_
array(i)-a_array(i+1))*T^2)/(2*T^5);
```

```
ti=t_array(i):0.02:t_array(i+1);
qi=a0+a1*(ti-t_array(i))+a2*(ti-t_array(i)).^2+a3*(ti-t_array(i)).^3+a4*(ti-t_array(i)).^4+a5*(ti-t_array(i)).^5;
vi=a1+2*a2*(ti-t_array(i))+3*a3*(ti-t_array(i)).^2+4*a4*(ti-t_array(i)).^3+5*a5*(ti-t_array(i)).^4;
ai=2*a2+6*a3*(ti-t_array(i))+12*a4*(ti-t_array(i)).^2+20*a5*(ti-t_array(i)).^3;
t=[t,ti(2:end)];q=[q,qi(2:end)];v=[v,vi(2:end)];a=[a,ai(2:end)];
end
subplot(3,1,1),plot(t,q,'r'),xlabel('t'),ylabel('position');
hold on;
plot(t_array,q_array,'o','color','g'),grid on;
subplot(3,1,2),plot(t,v,'b'),xlabel('t'),ylabel('velocity');
hold on;
plot(t_array,v_array,'*','color','y'),grid on;
subplot(3,1,3),plot(t,a,'g'),xlabel('t'),ylabel('accelerate');
hold on;
plot(t_array,a_array,'^','color','r'),grid on;
```

图5.12所示为高阶多项式插值规划仿真图。

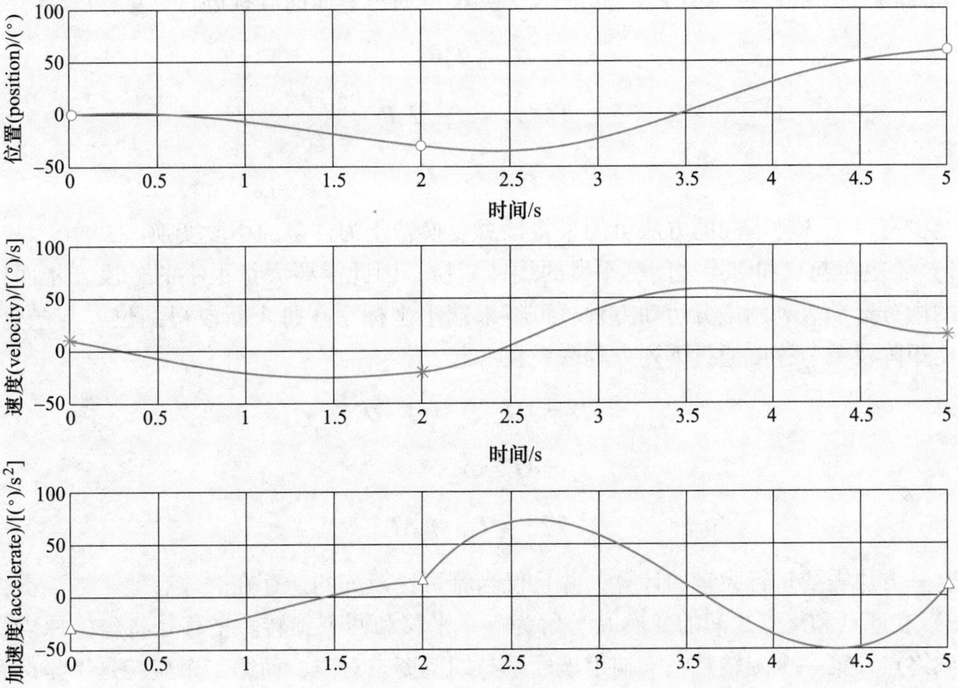

图5.12　高阶多项式插值规划仿真图

5.3 直角坐标空间的轨迹规划

直角坐标空间轨迹与机器人相对于直角坐标系的运动有关，如机器人末端手的位姿便是沿直角坐标空间的轨迹。除了简单的直线轨迹以外，也可用许多其他的方法来控制机器人在不同点之间沿一定轨迹运动。实际上所有用于关节空间轨迹规划的方法都可用于直角坐标空间的轨迹规划。最根本的差别在于，直角坐标空间轨迹规划必须反复求解逆运动方程来计算关节角。也就是说，对于关节空间轨迹规划，规划函数生成的值就是关节值，而直角坐标空间轨迹规划函数生成的值是机器人末端手的位姿，它们需要通过求解逆运动方程才能转化为关节量。

以上过程可以简化为如下的计算循环：

1）将时间增加一个增量 $t=t+\Delta t$。

2）利用所选择的轨迹函数计算出机械手的位姿。

3）利用机器人逆运动方程计算出对应机械手位姿的关节量。

4）将关节信息传递给控制器。

5）返回到循环的开始。

在工业应用中，最实用的轨迹是点到点之间的直线运动，但也经常遇到多目标点（如有中间点）间需要平滑过渡的情况。

为实现一条直线轨迹，必须计算起点和终点位姿之间的变换，并将该变换划分为许多小段。起点构型 $\boldsymbol{T}_i$ 和终点构型 $\boldsymbol{T}_f$ 之间的总变换 $\boldsymbol{R}$ 可通过下面的方程进行计算：

$$\begin{aligned}\boldsymbol{T}_f &= \boldsymbol{T}_i\boldsymbol{R}\\ \boldsymbol{T}_i^{-1}\boldsymbol{T}_f &= \boldsymbol{T}_i^{-1}\boldsymbol{T}_i\boldsymbol{R}\\ \boldsymbol{R} &= \boldsymbol{T}_i^{-1}\boldsymbol{T}_f\end{aligned} \tag{5.23}$$

至少有以下 3 种不同的方法可用来将该总变换转化为许多的小段变换。

1）希望在起点和终点之间有平滑的线性变换，因此需要大量很小的分段，从而产生了大量的微分运动。利用微分运动方程，可将末端手坐标系在每个新段得到位姿与微分运动、雅可比矩阵及关节速度通过下列方程联系在一起：

$$\boldsymbol{D} = \boldsymbol{J}\boldsymbol{D}_\theta, \boldsymbol{D}_\theta = \boldsymbol{J}^{-1}\boldsymbol{D}$$

$$\mathrm{d}\boldsymbol{T} = \Delta \cdot \boldsymbol{T}$$

$$\boldsymbol{T}_{\text{new}} = \boldsymbol{T}_{\text{old}} + \mathrm{d}\boldsymbol{T}$$

这一方法需要进行大量的计算，并且仅当雅可比矩阵的逆存在时才有效。

2）在起点和终点之间的变换 $\boldsymbol{R}$ 分解为一个平移和两个旋转。平移是将坐标原点从起点移动到终点，第一个旋转是将末端手坐标系与期望姿态对准，而第二个旋转是手坐标系绕其自身轴转到最终的姿态。所有这 3 个变换应同时进行。

3）在起点和终点之间的变换 $\boldsymbol{R}$ 分解为一个平移和一个旋转。平移仍是将坐标原点从起点移动到终点，而旋转则是将手臂坐标系与最终的期望姿态对准。两个变换应同时进行。

例题 5.6：一个三自由度机械臂有两根连杆，每根连杆长 9cm，如图 5.13 所示。假设定义坐标系使得当前所有关节角均为 0°时手臂处于垂直向上状态。要求机械臂沿直线从点（9，6，10）移动到点（3，8，5）。求 3 个关节在每个中间点的角度值，并绘制出这些角度值。根据已知的该机器人的逆运动方程可以求得：

$$\theta_1 = \arctan(P_x/P_y)$$

$$\theta_3 = \arccos\{[(P_y/C_1)^2 + (P_z - 8)^2 - 162]/162\}$$

$$\theta_2 = \arccos\{[C_1(P_z - 8)(1 + C_3) + P_y S_3]/[18(1 + C_3)C_1]\}$$

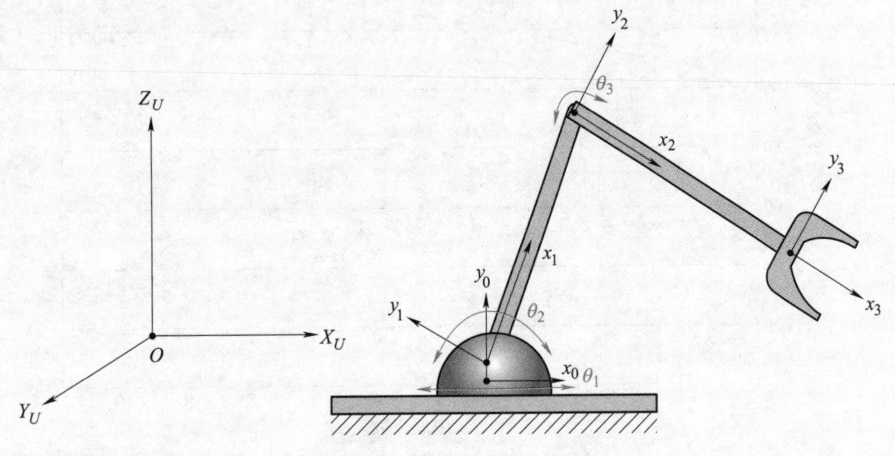

图 5.13　机器人及其坐标系

解：将起点和终点之间的距离进行 10 等分，得到 10 个中间点坐标，通过逆运动方程求得对应关节角，仿真代码及结果如下。

MATLAB 仿真代码如下：

```
px=fliplr(3:0.6:9);
py=fliplr(5:0.1:6);
pz=fliplr(8:0.2:10);
t=0.5:1:10.5;
theta1=zeros(size(px));
theta2=zeros(size(px));
theta3=zeros(size(px));
for i=1:length(px)
    theta1(i)=atand(px(i)/py(i));
    theta3(i)=acosd(((py(i)/cosd(theta1(i)))^2+(pz(i)-8)^2-162)/162);
    theta2(i)=acosd((cosd(theta1(i))*(pz(i)-8)*(1+cosd(theta3(i)))+py(i)
*sind(theta3(i)))/(18*(1+cosd(theta3(i)))*cosd(theta1(i))));
end
plot(t,theta1,'b',xlabel('中间点数'),ylabel('度'))
hold on
```

```
plot(t,theta2,'r',xlabel('中间点数'),ylabel('度'))
hold on
plot(t,theta3,'g',xlabel('中间点数'),ylabel('度'))
axis([0,11,0,160])
```

图 5.14 所示为机器人的关节角曲线。

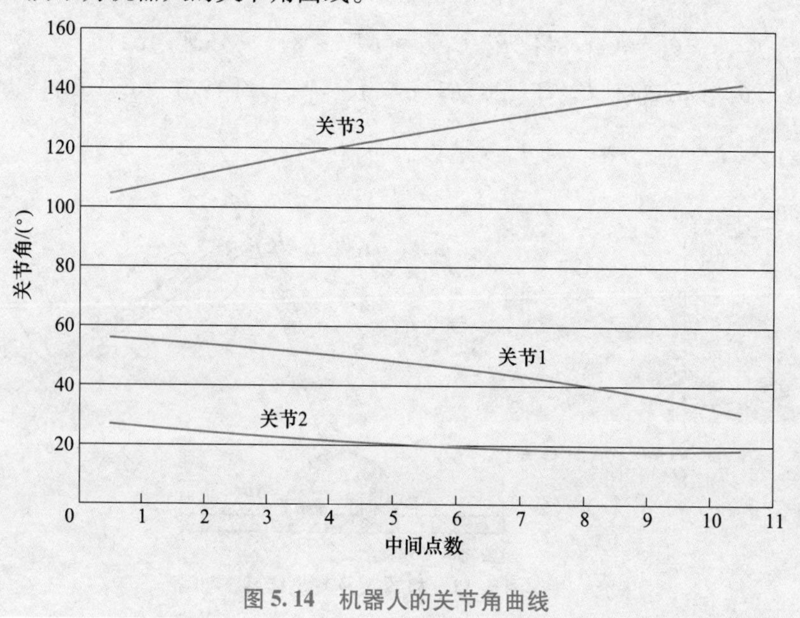

图 5.14 机器人的关节角曲线

习　题

5.1 要求用一个五次多项式来控制机器人在关节空间运动，求五次多项式的系数，使得该机器人关节用 3s 由初始角 0°运动到终止角 75°，机器人的起点和终点速度为 0，初始加速度和终点减加速度均为 $10°/s^2$。

5.2 例题 5.6 中的三自由度机器人（图 5.13）沿直线由点（3，5，5）运动到点（3，-5，-5），运动过程规划分为 10 段。求每个中间点处这 3 个关节的关节角，并绘制关节角曲线。

5.3 一个单连杆转动关节机器人静止在关节角 $\theta=-5°$ 处。希望在 4s 内平滑地将关节转动到 $\theta=80°$。求出完成此运动并且使操作臂停在目标点的三次曲线的系数。画出关节的位置、速度和加速度随时间变化的函数。

5.4. 一个单连杆转动关节机器人静止在关节角 $\theta=-5°$ 处。希望在 4s 内平滑地将关节转动到 $\theta=80°$ 并平滑地停止。求出带有抛物线拟合的直线轨迹的相应参数。画出关节的位置、速度和加速度随时间变化的函数。

5.5. 对一条带有抛物线拟合的两段直线样条曲线，使用式（5.15）~式（5.19）计算 $\dot{\theta}_{12}$、$\dot{\theta}_{23}$、t_1、t_2 和 t_3。对于这个关节，$\theta_1=5.0°$、$\theta_2=15.0°$、$\theta_3=40.0°$。假设 $t_{d12}=t_{d23}=1.0s$，并且在拟合区段中使用的默认加速度为 $80°/s^2$。画出 θ 的位置、速度和加速度图形。

第6章
机器人关节控制

讨论工业机器人控制的软件和硬件问题，有助于设计与选择适用的机器人控制器，并使机器人按规定的轨迹进行运动，以满足控制要求。机器人的控制方法很多，从大的方面来看，可分为轨迹控制和力控制两类。力控制进一步可以分为阻抗控制和混合控制。本章将首先对单关节机器人的控制方法进行介绍；然后讲解基于直角坐标和作业坐标的位置和轨迹控制，最后进一步阐述力控制的原理及方法；最后对控制系统的硬件设计进行了介绍。

6.1 机器人控制系统与控制方式

6.1.1 机器人控制系统的特点

机器人控制技术是在传统机械系统控制技术的基础上发展起来的。这两种技术之间并无根本的不同，但由于工业机器人的机械臂多为由连杆通过关节串联组成的空间开链机构，其各个关节的运动是独立的，为了实现末端点的运动轨迹，需要多关节的运动协调。因此，机器人机械臂的控制虽然与机构运动学和动力学密切相关，但比普通的自动化设备控制系统要复杂。

对机器人动力学特性用公式进行描述为：

$$\boldsymbol{\tau}=\boldsymbol{M}(q)\ddot{\boldsymbol{q}}+\boldsymbol{H}(q,\dot{q})+\boldsymbol{B}\dot{\boldsymbol{q}}+\boldsymbol{G}(q)$$

式中，$\boldsymbol{q}$ 为 n 个自由度机器人的广义关节变量，$\boldsymbol{q}=(q_1\quad q_2\quad \cdots\quad q_n)^{\mathrm{T}}$，当关节为转动关节时有 $q_i=\theta_i$，当关节为移动关节时有 $q_i=d_i$；$\boldsymbol{M}(q)$ 为惯性矩阵；$\boldsymbol{H}(q,\ \dot{q})$ 为离心力和科氏力矢量；$\boldsymbol{B}$ 为黏性摩擦因数矩阵；$\boldsymbol{G}(q)$ 为重力矢量；$\boldsymbol{\tau}=(\tau_1\quad \tau_2\quad \cdots\quad \tau_n)^{\mathrm{T}}$，为关节驱动力矢量。

惯性矩阵 $\boldsymbol{M}(q)$ 由于各关节臂之间存在相互干涉问题，其对角线以外的元素不为零，而且各元素与关节角度成非线性关系，随着机器人的位姿而变化。该运动方程中的其他各项也都是如此。因此，机器人的运动方程是非常复杂的非线性方程。

从动力学的角度出发，可知机器人控制系统具有以下特点：

1）机器人控制系统本质上是一个非线性系统。引起机器人非线性的因素很多，如机器人的结构、传动件、驱动元件等都会引起系统的非线性。

2）机器人控制系统是由多关节组成的一个多变量控制系统，且各关节间具有耦合作用，具体表现为：某一个关节的运动，会对其他关节产生动力效应，每一个关节都要受到其他关节运动所产生的扰动。

3）机器人控制系统是一个时变系统，其动力学参数随着关节运动位置的变化而变化。

总而言之，机器人控制系统是一个时变的、耦合的、非线性的多变量控制系统。由于它的特殊性，对经典控制理论和现代控制理论都不能照搬使用，机器人控制理论还正在发展中。

6.1.2 机器人控制方式

根据不同的分类方法，机器人控制方式可以划分为不同的类别。从总体上看，机器人控制方式可以分为动作控制方式、示教控制方式。此外，机器人控制方式还有以下分类方法：按运动坐标控制方式，可分为关节空间运动控制、直角坐标空间运动控制；按轨迹控制的方式，可分为点位控制和连续轨迹控制；按控制系统对工作环境变化的适用程度，可分为程序控制、适应性控制、人工智能控制；按运动控制的方式，可分为位置控制、速度控制、力（力矩）控制（包含位置/力混合控制）。下面对几种常用工业机器人的控制方式进行具体分析。

1. 点位控制与连续轨迹控制

机器人的位置控制可分为点位（Point To Point，PTP）控制和连续轨迹（Continuous Path，CP）控制两种方式。

1）PTP 控制要求机器人末端以一定的姿态尽快且无超调地实现相邻点之间的运动，但对相邻点之间的运动轨迹不做具体要求。PTP 控制的主要技术指标是定位精度和运动速度，从事在印刷电路板上安插元件、点焊、搬运及上/下料等作业的工业机器人，采用的都是 PTP 控制方式。

2）CP 控制要求机器人末端沿预定的轨迹运动，即在运动轨迹上任意特定数量的点处停留。将运动轨迹分解成插补点序列，在这些点之间依次进行位置控制，点与点之间的轨迹通常采用直线、圆弧或其他曲线进行插补。因为要在各个插补点上进行连续的位置控制，所以可能会发生运动中的抖动。实际上，由于控制器的控制周期在几毫秒到 30 毫秒之间，时间很短，可以近似认为运动轨迹是平滑连续的。在机器人的实际控制中，通常利用插补点之间的增量和雅可比逆矩阵 $\boldsymbol{J}^{-1}(q)$ 求出各关节的分增量，各电动机按照分增量进行位置控制。CP 控制的主要技术指标都是轨迹精度和运动的平稳性，从事弧焊、喷漆、切割等作业的工业机器人，采用的都是 CP 控制方式。

2. 力（力矩）控制方式

在喷漆、点焊、搬运时所使用的工业机器人，一般只要求其末端执行器（如喷枪、焊枪、手爪等）沿某一预定轨迹运动，运动过程中末端执行器始终不与外界任何物体相接触，这时只需对机器人进行位置控制即可完成作业任务。而对另一类机器人来说，除要准确定位之外，还要求控制手部作用力或力矩，如对应用于装配、加工、抛光等作业的机器人，工作过程中要求机器人手爪与作业对象接触，并保持一定的压力。此时，如果只对其实施位置控制，有可能由于机器人的位姿误差及作业对象放置不准，或者手爪与作业对象脱离接触，或者两者相碰撞而引起过大的接触力。其结果会使机器人手爪在空中晃动，或者造成机器人和作业对象的损伤。对于进行这类作业的机器人，一种比较好的控制方案是控制手爪与作业对象之间的接触力。这样，即使是作业对象位置不准确，也能保持手爪与作业对象的正确接触。在力控制伺服系统中，反馈量是力信号，所以系统中必须有力传感器。

3. 智能控制方式

实现智能控制的机器人可通过传感器获得周围环境的信息，并根据自身内部的知识库做出相应的决策。采用智能控制技术，可使机器人具有较强的环境适应性及自学习能力。智能控制技术的发展有赖于近年来神经网络、基因算法、遗传算法、专家系统等人工智能技术的迅速发展。

4. 示教-再现控制

示教-再现（Teaching-Playback）控制是工业机器人的一种主流控制方式。为了让机器人完成某种作业，首先由操作者对机器人进行示教，即教机器人如何去做。在示教过程中，机器人将作业顺序、位置、速度等信息存储起来。在执行任务时，机器人可以根据这些存储的信息再现示教的动作。

示教有直接示教和间接示教两种方法。直接示教是操作者使用安装在机器人手臂末端的操作杆，按给定运动顺序示教动作内容，机器人自动把运动顺序、位置和时间等数据记录在存储器中，再现时依次读出存储的信息，重复示教的动作过程。采用这种方法通常只能对位置和作业指令进行示教，而运动速度需要通过其他方法来确定。间接示教是采用示教盒进行示教。操作者通过示教盒上的按键操纵完成空间作业轨迹点及有关速度等信息的示教，然后通过操作盘用机器人语言进行用户工作程序的编辑，并存储在示教数据区。再现时，控制系统自动逐条取出示教命令与位置数据，进行解读、运算并做出判断，将各种控制信号送到相应的驱动系统或端口，使机器人忠实地再现示教动作。

采用示教-再现控制方式时，不需要进行矩阵的逆变换，也不存在绝对位置控制精度问题。该方式是一种适用性很强的控制方式，但是需由操作者进行手工示教，要花费大量的精力和时间。特别是在产品变更导致生产线变化时，要进行的示教工作繁重。现在通常采用离线示教法（Off-line Teaching），不对实际作业的机器人直接进行示教，而是脱离实际作业环境生成示教数据，间接地对机器人进行示教。

6.2　单关节机器人模型和控制

由于机器人是耦合的非线性动力学系统，严格来说，各关节的控制必须考虑各关节之间的耦合作用，但对于工业机器人，通常还是按照独立关节来考虑的。这是因为工业机器人运动速度不高（通常小于 1.5m/s），由速度项引起的非线性作用可以忽略。另外，工业机器人常用直流伺服电动机作为关节驱动器，由于直流伺服电动机转矩不大，在驱动负载时通常需要减速器，其减速比往往接近 100，而负载的变化（如由于机器人关节角度的变化，转动惯量发生变化）折算到电动机轴上时要除以减速比的二次方，因此电动机轴上负载变化很小，可以看作定常系统。各关节之间的耦合作用，也会因减速器的存在而受到极大的削弱，于是工业机器人系统就变成了一个由多关节（多轴）组成的各自独立的线性系统。下面分析以直流伺服电动机为驱动器的单关节控制问题。

6.2.1 单关节系统的数学模型

直流伺服电动机驱动机器人关节的简化模型如图 6.1 所示。

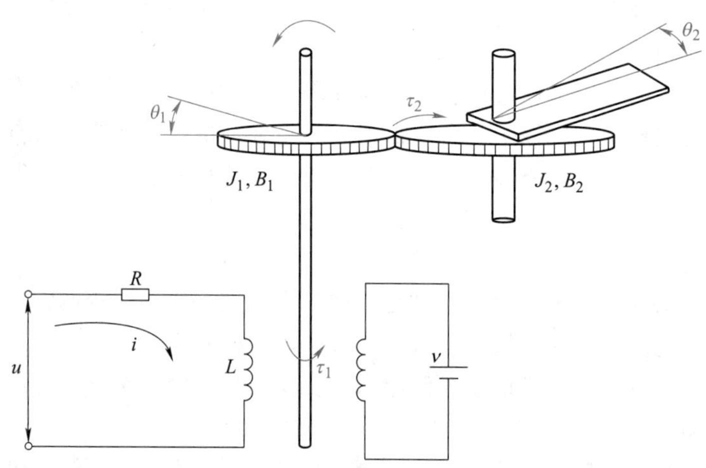

图 6.1 直流伺服电动机驱动机器人关节的简化模型

图 6.1 中符号含义分别为：u 为电枢电压（V）；v 为励磁电压（V）；R 为电枢电阻（Ω）；L 为电枢电感（H）；i 为电枢绕组电流（A）；τ_1 为电动机输出转矩（N·m）；k_t 为电动机的转矩常数（N·m/A）；τ_2 为通过减速器向负载轴传递的转矩（N·m）；J_1 为电动机轴的转动惯量（kg·m^2）；B_1 为电动机轴的阻尼系数［N·m/(rad/s)］；θ_1 为电动机轴转角（rad）；θ_2 为负载轴转角（rad）；z_1 为电动机齿轮齿数；z_2 为负载齿轮齿数；J_2 为负载轴的转动惯量（kg·m^2）；B_2 为负载轴的阻尼系数［N·m/(rad/s)］。

由图 6.1 可知，直流伺服电动机经传动比为 $n=z_2/z_1$ 的减速器驱动负载，这时负载轴的输出转矩将放大 n 倍，而转速则减至原来的 $1/n$，即 $\tau_2=n\tau_1$，$\omega_1=n\omega_2$，$\theta_1=n\theta_2$。

另外，在高速工业机器人中，往往不通过减速器而采用电动机直接驱动负载的方式。近年来低速大转矩电气伺服电动机技术不断进步，已可通过将电动机与机械部件（滚珠丝杠）直接连接，使开环传递函数的增益增大，从而实现高速、高精度的位置控制。这种驱动方式称为直接驱动。

下面来推导图 6.1 所示的负载转角 $\theta_2(t)$ 与电动机的电枢电压 $u(t)$ 之间的传递函数。该单关节控制系统的数学模型由三部分组成：机械部分模型由电动机轴和负载轴上的转矩平衡方程描述；电气部分模型由电枢绕组的电压平衡方程描述；机械部分与电气部分相互耦合的部分模型由电枢电动机输出转矩与绕组电流的关系方程描述。

电动机轴的转矩平衡方程为：

$$\tau_1(t)=J_1\frac{\mathrm{d}^2\theta_1(t)}{\mathrm{d}t^2}+B_1\frac{\mathrm{d}\theta_1(t)}{\mathrm{d}t}+\tau_2(t) \tag{6.1}$$

负载轴的转矩平衡方程为：

$$n\tau_2(t) = J_2 \frac{\mathrm{d}^2\theta_2(t)}{\mathrm{d}t^2} + B_2 \frac{\mathrm{d}\theta_1(t)}{\mathrm{d}t} \tag{6.2}$$

注意：由于减速器的存在，力矩将增大 n 倍。

电枢绕组电压平衡方程为：

$$L \frac{\mathrm{d}i(t)}{\mathrm{d}t} + Ri(t) + k_{\mathrm{b}} \frac{\mathrm{d}\theta_1(t)}{\mathrm{d}t} = u(t) \tag{6.3}$$

式中，k_{b} 为电动机的反电动势常数［V/(rad · s)］。

机械部分与电气部分相互耦合部分的平衡方程为：

$$\tau_1(t) = k_{\mathrm{t}} i(t) \tag{6.4}$$

再考虑到转角 θ_1 与 θ_2 的关系为：

$$\theta_1(t) = n\theta_2(t) \tag{6.5}$$

通常与其他参数相比，L 小到可以忽略不计，因此可令 $L=0$，则将式（6.1）~式（6.5）整理后得：

$$J \frac{\mathrm{d}^2\theta(t)}{\mathrm{d}t^2} + B \frac{\mathrm{d}\theta(t)}{\mathrm{d}t} = k_{\mathrm{m}} u(t) \tag{6.6}$$

式中，$\theta(t)=\theta_2(t)$；$J=n^2J_1+J_2$；$B=n^2B_1+B_2+\dfrac{n^2k_{\mathrm{t}}k_{\mathrm{b}}}{r}$；$k_{\mathrm{m}}=\dfrac{nk_{\mathrm{t}}}{R}$。

这里需要注意：电动机轴的转动惯量 J_1 和阻尼系数 B_1 折算到负载侧时与传动比的二次方成正比，因此负载侧的转动惯量和阻尼系数向电动机轴侧折算时要分别除以 n^2。若采用传动比 $n>1$ 的减速机构，则负载的转动惯量值和阻尼系数减小到原来的 $1/n^2$。

式（6.6）表示整个控制对象的运动方程，反映了控制对象的输入电压与关节角位移之间的关系。对式（6.6）的两边在初始值为零时进行拉普拉斯变换，整理后可得到控制对象的传递函数为：

$$\frac{\theta(s)}{U(s)} = \frac{k_{\mathrm{m}}}{Js^2 + Bs} \tag{6.7}$$

这一方程代表了单关节所加电压与关节角位移之间的传递函数。对于液压或气压传动系统，也可推出与式（6.7）类似的关系式。

6.2.2 阻抗匹配

在电气系统中，如果电源的内部阻抗与负载阻抗相同，那么负载消耗的电能最大、效率最高。在机械系统和流体传动系统中也有相似的性质。要从某一能源以最高效率获得能量，一般都要使负载的阻抗与能源内部的阻抗一致，就称为阻抗匹配。下面就电动机等驱动装置与机械传动系统的阻抗匹配问题加以说明。

在图 6.1 所示的齿轮减速机构中，由式（6.6）可知，若从负载侧来计算，系统总的转动惯量为：

$$J = n^2J_1 + J_2 \tag{6.8}$$

为了使分析问题更简单，忽略阻尼系数的影响，则由式（6.1）和式（6.2）简化得到：

$$n\tau_1(t) = J\frac{\mathrm{d}^2\theta_2(t)}{\mathrm{d}t^2} \tag{6.9}$$

当图 6.1 中的机械手臂在短时间内运动到指定的角度位置时，其角加速度为：

$$\frac{\mathrm{d}^2\theta_2(t)}{\mathrm{d}t^2} = \frac{n\tau_1(t)}{J} = \frac{n\tau_1(t)}{n^2J_1 + J_2} \tag{6.10}$$

要使角加速度达到最大，应适当地选择传动比。由式（6.10）对传动比求导，可得最佳传动比为：

$$n_0 = \sqrt{\frac{J_2}{J_1}} \tag{6.11}$$

这时，若从负载侧来计算电动机的惯性矩（惯性阻抗），则有：

$$n_0{}^2J_1 = J_2 \tag{6.12}$$

即电动机的惯性矩与负载的惯性矩相等。也就是说，如果适当选择减速器的传动比，使执行装置的惯性矩与负载的惯性矩一致，就会使执行装置达到最大的驱动能力。对于其他传动机构，采用不同的惯性矩变换系数也能得到同样的效果。

机械传动系统的阻抗包括惯性阻抗（惯性质量的惯性矩，相当于电气系统中的线圈感抗、摩擦阻抗（直线运动和旋转运动中产生的摩擦，相当于电气系统中的电阻）和弹性阻抗（弹簧和轴的扭转弹性变形，相当于电气系统中的电容器）。

6.2.3 单关节位置与速度控制

1. PID 控制

比例积分微分（Proportion Integration Differentiation，PID）控制，以下简称 PID 控制，是自动化中广泛使用的一种反馈控制，其控制器由比例单元（P）、积分单元（I）和微分单元（D）组成，利用信号的偏差值、偏差的积分值、偏差的微分值的组合来构成操作量，PID 控制的基本形式如图 6.2 所示。若用 $e(t)=\theta_{\mathrm{d}}(t)-\theta(t)$ 表示偏差，则 PID 控制为：

$$u(t) = K_{\mathrm{P}}e(t) + K_{\mathrm{I}}\int_0^t e(\tau)\mathrm{d}\tau + K_{\mathrm{D}}\dot{e}(t) \tag{6.13}$$

或

$$u(t) = K_{\mathrm{P}}\left[e(t) + \frac{1}{T_{\mathrm{I}}}\int_0^t e(\tau)\mathrm{d}\tau + T_{\mathrm{D}}\dot{e}(t)\right] \tag{6.14}$$

式中，K_{P} 为比例增益；K_{I} 为积分增益；K_{D} 为微分增益。它们统称为反馈增益，反馈增益值的大小影响着控制系统的性能；$T_{\mathrm{I}}=\frac{K_{\mathrm{P}}}{K_{\mathrm{I}}}$称为积分时间，$T_{\mathrm{D}}=\frac{K_{\mathrm{P}}}{K_{\mathrm{D}}}$称为微分时间，两者均具有时间量纲。

控制器各单元的调节作用分别如下：

（1）比例单元　比例单元按比例反映系统的偏差，系统一旦出现了偏差，比例单元将立即产生调节作用以减少偏差。比例系数大，可以加快调节、减少误差，但是过大的比例系数会使系统的稳定性下降，甚至造成系统的不稳定。

（2）积分单元　积分单元可使系统消除稳态误差，提高无差度。只要有误差，积分调

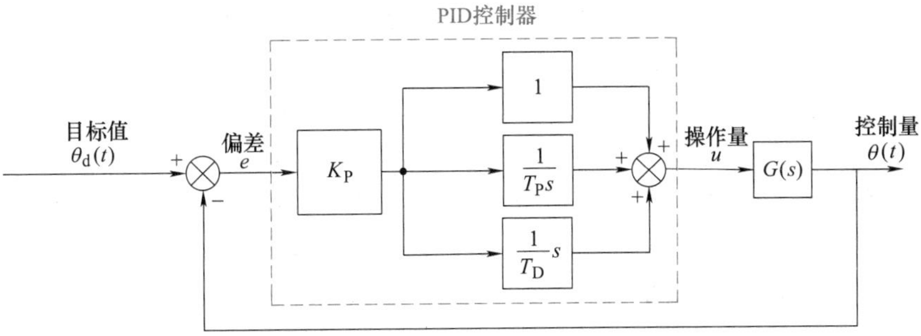

图 6.2　PID 控制基本框图

节就进行，直至无误差，此时积分调节停止，积分调节输出一常值。积分作用的强弱取决于积分时间常数 T_I。T_I 越小，积分作用就越强；反之，T_I 越大，则积分作用越弱。加入积分调节单元可使系统稳定性下降，动态响应变慢。

（3）微分单元　微分单元反映系统偏差信号的变化率，能预见偏差变化的趋势，从而产生超前的控制作用，使偏差在还没有形成之前，已被微分调节作用消除。因此，微分调节可以改善系统的动态性能。在微分时间选择合适的情况下，可以减少超调和调节时间。微分作用对噪声干扰有放大作用，因此过强的微分调节对系统抗干扰不利。此外，微分反映的是变化率，当输入没有变化时，微分作用输出为零。微分单元不能单独使用，需要与比例单元和积分单元相结合，组成 PD 或 PID 控制器。

2. 机器人单关节的 PID 控制

利用直流伺服电动机自带的光电编码器，可以间接测量关节的固转角度，或者直接在关节处安装角位移传感器测量出关节的回转角度，通过 PID 控制器构成负反馈控制系统，其控制系统框图如图 6.3 所示。

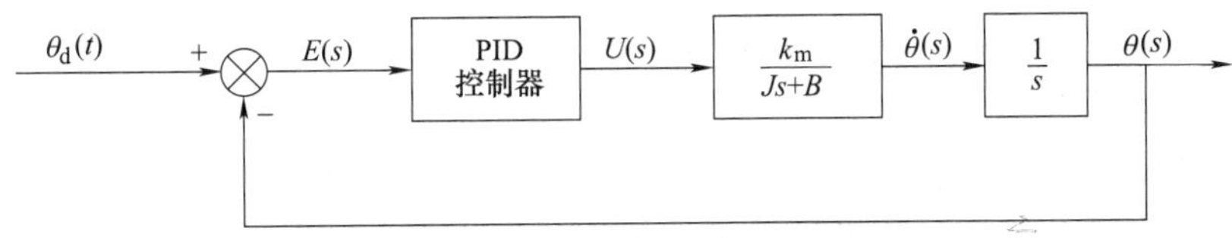

图 6.3　机器人单关节 PID 控制系统框图

控制规律为：

$$u(t) = K_P[\theta_d(t) - \theta(t)] + K_I\int_0^t[\theta_d(t) - \theta(t)]\,d\tau + K_D\left[\frac{d\theta_d(t)}{dt} - \frac{d\theta(t)}{dt}\right] \tag{6.15}$$

3. 实用 PID 控制-PD 控制

在实际应用中，特别是在机械系统中，当控制对象的库伦摩擦力较小时，即使不用积分动作也可得到非常好的控制性能。这种控制方法称为 PD 控制，其控制规律可表示为：

$$u(t) = K_P[\theta_d(t) - \theta(t)] + K_D\left[\frac{d\theta_d(t)}{dt} - \frac{d\theta(t)}{dt}\right] \tag{6.16}$$

为了简化问题，考虑目标值 θ_d 为定值的场合，则式（6.16）可转化为：

$$u(t) = K_P[\theta_d(t) - \theta(t)] - K_D\frac{d\theta(t)}{dt} \tag{6.17}$$

此时的比例增益 K_P 又称为反位置增益；微分增益 K_D 又称为速度反馈增益，通常用 K_V 表示，则式（6.17）表示为：

$$u(t)=K_P[\theta_d(t)-\theta(t)]-K_V\frac{d\theta(t)}{dt} \tag{6.18}$$

此负反馈控制系统实际上就是带速度反馈的位置闭环控制系统。速度负反馈的引入可增加系统的阻尼比，改善系统的动态品质，使机器人得到更理想的位置控制性能。关节角速度常用测速电动机测出，也可用两次采样周期内的位移数据来近似表示。带速度反馈的位置控制系统框图如图 6.4 所示。

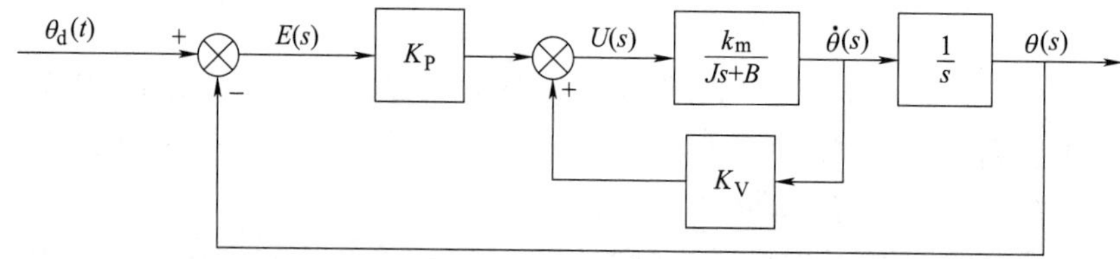

图 6.4　带速度反馈的位置控制系统框图

系统的传递函数为：

$$\frac{\theta(s)}{\theta_d(s)}=\frac{K_Pk_m}{Js^2+(B+K_Vk_m)}=\frac{\dfrac{K_Pk_m}{J}}{s^2+\dfrac{(B+K_Vk_m)}{J}s+\dfrac{K_Pk_m}{J}} \tag{6.19}$$

与二阶系统的标准形式对比，则系统的无阻尼自然频率 ω_n 和阻尼比 ξ 分别为：

$$\omega_n=\sqrt{\frac{K_Pk_m}{J}},\ \xi=\frac{(B+K_Vk_m)}{2K_Pk_mJ} \tag{6.20}$$

显然，引入速度反馈后，系统的阻尼比增加了。

4. 位置、速度反馈增益的确定

二阶系统的特性取决于它的无阻尼自然频率 ω_n 和阻尼比 ξ。为了防止机器人与周围环境物体发生碰撞，希望系统具有临界阻尼或过阻尼，即要求系统的阻尼比 $\xi\geqslant1$。于是由式（6.20）可推导出，速度反馈增益 K_V 应满足下式：

$$K_V\geqslant\frac{2\sqrt{K_Pk_mJ}-B}{k_m} \tag{6.21}$$

另外，在确定位置反馈增益 K_P 时，必须考虑机器人关节部件的材料刚度和共振频率 ω_s。它与机器人关节的结构、刚度、质量分布和制造装配质量等因素有关，并随机器人的形位及握重不同而变化。在前面建立单关节的控制系统模型时，忽略了齿轮轴、轴承和连杆等零件的变形，认为这些零件和传动系统都具有无限大的刚度，而实际上并非如此，各关节的传动系统和有关零件及其配合衔接部分的刚度都是有限的。但是，如果在建立控制系统模型时，将这些变形和刚度的影响都考虑进去，则得到的模型是高次的，会使问题复杂化。因此，前面建立的二阶线性模型只用于机械传动系统的刚度很高、共振频率很高的场合。

假设已知机器人在空载时惯性矩为 J_0，测出的结构共振频率为 ω_0，则加负载后，其惯性矩增至 J，此时相应的结构共振频率为：

$$\omega_s = \omega_0 \sqrt{\frac{J_0}{J}} \tag{6.22}$$

为了保证机器人能稳定工作，防止系统振荡，一般是将闭环系统无阻尼自然频率 ω_n 限制在关节结构共振频率的一半之内，即

$$\omega_n \leqslant 0.5\omega_s \tag{6.23}$$

根据这一要求来调整位置反馈增益 K_P。由于 $K_P \geqslant 0$（表示负反馈），由式（6.20）、式（6.22）和式（6.23）可得：

$$0 < K_P \leqslant \frac{J_0}{4k_m}\omega_0^2 \tag{6.24}$$

故有：

$$K_{Pmax} = \frac{J_0}{4k_m}\omega_0^2 \tag{6.25}$$

K_P 的最小值则取决于对系统伺服刚度 H 的要求。可以证明，在具有位置和速度反馈的伺服系统中，伺服刚度 H 为：

$$H = K_P k_m \tag{6.26}$$

故有：

$$K_P = \frac{H}{k_m} \tag{6.27}$$

在确定了伺服刚度的最低要求后，K_{Pmax}可由式（6.26）确定。

6.3　基于关节坐标的控制

由描述机器人动力特性的动力学方程可知，各关节之间存在着惯性项和速度项的动态耦合，严格地讲，每个关节都不是单输入、单输出系统。为了减少外部干扰的影响，在保持稳定性的前提下，通常把增益 K_P 和 K_V 尽量设置得大一些。特别是当减速比较大时，惯性矩阵和黏性因数矩阵（包含 K）的对角线上各项数值相对增大，起支配作用，非对角线上各项的干扰影响相对减小。这时惯性矩阵 $\boldsymbol{M}(q)$ 可以表示为：

$$\boldsymbol{M}(q) = \begin{pmatrix} n_1^2\boldsymbol{I}_{r1} & & \\ & \ddots & \\ & & n_n^2\boldsymbol{I}_{rn} \end{pmatrix} \tag{6.28}$$

式中，n_n 为第 i 轴的减速比；I_{rn}为第 i 轴电动机转子的惯性矩。

忽略各关节臂惯性耦合的影响，电动机转子的惯性起决定作用，因此惯性矩阵可以近似地转化为对角矩阵。同样，黏性摩擦因数矩阵 $\boldsymbol{B}$ 也可以近似地转化为对角矩阵，而且可以认为速度及重力的影响相对较小，即 $\boldsymbol{h}(q, \dot{q})$ 和 $\boldsymbol{G}(q)$ 可以忽略不计。这样机器人动力学方程可以简化为：

$$\begin{pmatrix} \tau_1 \\ \vdots \\ \tau_n \end{pmatrix} = \begin{pmatrix} n_1^2 I_{r1} & & \\ & \ddots & \\ & & n_n^2 I_{rn} \end{pmatrix} \begin{pmatrix} \ddot{\theta}_1 \\ \vdots \\ \ddot{\theta}_n \end{pmatrix} + \begin{pmatrix} n_1^2 B_{r1} & & \\ & \ddots & \\ & & n_n^2 B_{rn} \end{pmatrix} \begin{pmatrix} \dot{\theta}_1 \\ \vdots \\ \dot{\theta}_n \end{pmatrix} \tag{6.29}$$

式中，B_{rn}为第 i 轴电动机转子的黏性摩擦因数。

式（6.28）为采用减速器的一般工业机器人的动力学运动方程，表示各轴之间无干涉机器人的参数与机器人的位姿无关的情况，其中各关节臂的惯性耦合是作为外部干扰处理。因此，在控制器中各轴相互独立地构成 PID 控制系统，系统中由于模型的简化而产生的误差（看作外部干扰），可以通过反馈控制来解决。

基于关节坐标的控制或关节位置或关节轨迹为目标值，令 $\boldsymbol{q}_{\mathrm{d}}$ 为关节角目标值。对有 n 个关节的机器人，有：

$$\boldsymbol{q}_{\mathrm{d}}=(q_{\mathrm{d1}} \quad q_{\mathrm{d2}} \quad \cdots \quad q_{\mathrm{d}n})^{\mathrm{T}} \tag{6.30}$$

其伺服控制系统原理框图如图 6.5 所示。在该系统中，目标值以关节角度值给出，各关节可以构成独立的伺服系统，十分简单。关节目标值 $\boldsymbol{q}_{\mathrm{d}}$ 可以根据机器人末端目标值 $\boldsymbol{X}_{\mathrm{d}}$ 由逆运动学方程求出，即

$$\boldsymbol{q}_{\mathrm{d}}=\boldsymbol{f}^{-1}(\boldsymbol{X}_{\mathrm{d}}) \tag{6.31}$$

为简单起见，忽略驱动器的动态性能，机器人全部关节的驱动力可以直接给出，作为一种简单的线性 PD 控制规律可表示为：

$$\boldsymbol{\tau}=\boldsymbol{K}_{\mathrm{P}}[\boldsymbol{q}_{\mathrm{d}}-\boldsymbol{q}(t)]-\boldsymbol{K}_{\mathrm{V}}\dot{\boldsymbol{q}}(t)+\boldsymbol{G}(q) \tag{6.32}$$

式中，$\boldsymbol{q}$ 为关节角控制变量矩阵，$\boldsymbol{q}(t)=(q_1 \quad q_2 \quad \cdots \quad q_n)^{\mathrm{T}}$；$\boldsymbol{\tau}$ 为关节驱动力矩阵，$\boldsymbol{\tau}=(\tau_1 \quad \tau_2 \quad \cdots \quad \tau_n)^{\mathrm{T}}$；$\boldsymbol{K}_{\mathrm{P}}$ 为位置反馈增益矩阵，$\boldsymbol{K}_{\mathrm{P}}=\mathrm{diag}(k_{\mathrm{P}i})$，其中 $k_{\mathrm{P}i}$为第 i 轴的位置反馈增益；$\boldsymbol{K}_{\mathrm{V}}$ 为速度反馈增益矩阵，$\boldsymbol{K}_{\mathrm{V}}=\mathrm{diag}(k_{\mathrm{V}i})$，其中 $k_{\mathrm{V}i}$为第 i 轴的速度反馈增益；$\boldsymbol{G}(q)$ 为重力项补偿。

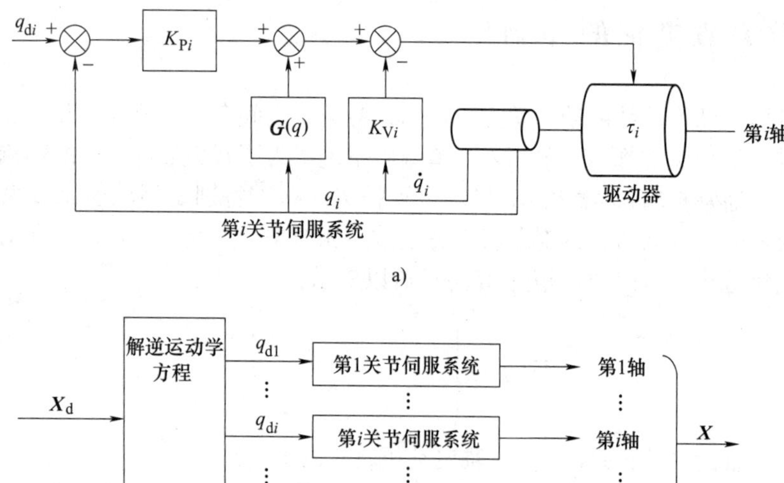

图 6.5　基于关节坐标的伺服控制系统框图

基于关节坐标的伺服控制系统，把每一个关节作为单纯的单输入、单输出系统来处理，所以结构简单。现在的工业机器人大部分都是由这种关节伺服系统控制的。这种控制方式称为局部线性 PD 反馈控制，对非线性多变量的机器人动态性而言，该控制方法是有效的，其

闭环系统的平衡点 $\boldsymbol{q}_{\mathrm{d}}$ 达到渐进稳定。即当 $t\to\infty$ 时，$\boldsymbol{q}(t)\to\boldsymbol{q}_{\mathrm{d}}$，亦即经过无限长的时间，保证关节角度收敛各自的目标值，机器人末端也收敛于位置目标。对工业机器人而言，多数情况下用该种控制方法已足够。

基于关节坐标的伺服控制是目前工业机器人的主流控制方式。由图 6.5 可知，这种伺服控制系统实际上是一个半闭环控制系统，即对关节坐标采用闭环控制方式，由光电码盘提供各关节角位移实际值的反馈信号 q_i。对直角坐标采用开环控制方式，由直角坐标期望值 X_{d} 求解逆运动方程，获得各关节位移的期望值 $q_{\mathrm{d}i}$作为各关节控制器的参考输入。系统将它与光电码盘检测的关节角位移 q_i 比较后，获得关节角位移的偏差，由偏差控制机器人各关节伺服系统（通常采用 PD 方式），使机器人末端执行器实现预定的位姿。

对直角坐标位置采用开环控制的主要原因是：目前尚无有效、准确获取（检测）机器人末端执行器位姿的手段。但由于目前采用计算机求解逆运动方程的方法比较成熟，所以控制精度较好。

应该指出的是，目前工业机器人的位置控制是基于运动学而非动力学的控制，只用于运动速度和加速度较小的应用场合。对于快速运动、负载变化大和要求力控的机器人，还必须考虑其动力学行为。

以上讨论的关节角目标值是一个定值，属于 PTP 控制问题。下面来考虑关节角目标值随着时间变化的情况，即 CP 控制的情况。这时机器人末端的目标位置是随着时间变化的位置目标轨迹 $\boldsymbol{X}_{\mathrm{d}}(t)$，相应的关节角目标值也成为随着时间变化的角度目标轨迹 $\boldsymbol{q}_{\mathrm{d}}(t)$，此时描述机器人全部关节的伺服控制系统的控制规律可表示为：

$$\boldsymbol{\tau}(t)=\boldsymbol{K}_{\mathrm{P}}[\boldsymbol{q}_{\mathrm{d}}(t)-\boldsymbol{q}(t)]-\boldsymbol{K}_{\mathrm{V}}[\dot{\boldsymbol{q}}_{\mathrm{d}}(t)-\dot{\boldsymbol{q}}(t)]+\boldsymbol{G}(q) \tag{6.33}$$

式（6.33）称为轨迹追踪控制的力矩方程。

6.4　基于作业空间的伺服控制

关节伺服控制中，各个关节是独立进行控制的，虽然结构简单，但由于各关节实际响应的结果未知，所得到的末端位姿的响应难以预测，而且为得到适当的末端响应，对各关节伺服系统的增益进行调节也存在困难。在自由空间内对手臂进行控制时，在很多场合下都希望直接给定手臂末端位姿的运动，即采用表示末端位姿矢量 $\boldsymbol{X}$ 的目标值 $\boldsymbol{X}_{\mathrm{d}}$ 作为末端运动的目标值。

末端目标值 $\boldsymbol{X}_{\mathrm{d}}$ 确定后，利用逆运动学方程即可求出 $\boldsymbol{q}_{\mathrm{d}}$，也可以使用关节伺服控制方式。但是，末端目标值 $\boldsymbol{X}_{\mathrm{d}}$ 不但要事前求得，而且在运动中常常需要修正，则需实时进行逆运动学的计算，造成计算工作量加大，使得实时控制性变差。

由于在很多情况下，末端位姿矢量 $\boldsymbol{X}_{\mathrm{d}}$ 是用固定于空间内的某一个作用坐标系来描述的，所以把以 $\boldsymbol{X}_{\mathrm{d}}$ 为目标值的伺服系统称为作业坐标伺服系统。不将 $\boldsymbol{X}_{\mathrm{d}}$ 逆变换为 $\boldsymbol{q}_{\mathrm{d}}$，而把 $\boldsymbol{X}_{\mathrm{d}}$ 本身作为目标值。构成伺服系统的伺服控制思路为：先将末端位姿误差矢量乘以相应的增益，得到手臂末端手爪的操作力矢量，该力作用在末端手爪上，以减小末端位姿误差；再将末端手爪的操作力矢量由雅可比转置矩阵映射为等价的关节力矩矢量，从而控制机器人手臂末端，减少运动误差。三自由度机器人的基于作业空间的伺服系统控制原理如图 6.6 所示。

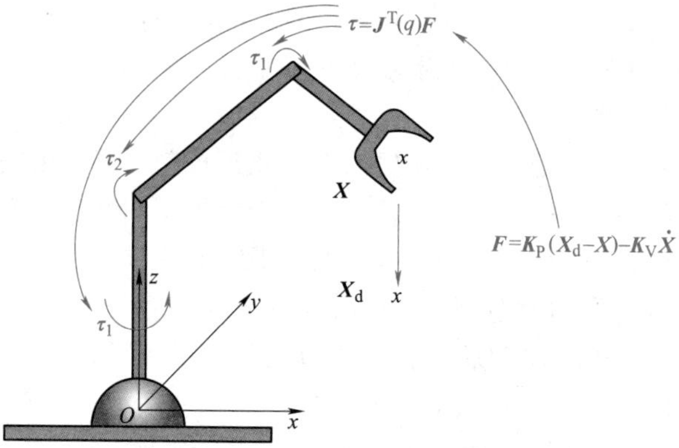

图 6.6　三自由度机器人的基于作业空间的伺服系统控制原理

利用 PD 控制实现上述控制过程时，其中的力与力矩用公式可以表示为：

$$\boldsymbol{F}=\boldsymbol{K}_{\mathrm{P}}(\boldsymbol{X}_{\mathrm{d}}-\boldsymbol{X})-\boldsymbol{K}_{\mathrm{V}}\dot{\boldsymbol{X}} \tag{6.34}$$

$$\boldsymbol{\tau}=\boldsymbol{J}^{\mathrm{T}}(q)\boldsymbol{F} \tag{6.35}$$

$$\boldsymbol{\tau}=\boldsymbol{J}^{\mathrm{T}}(q)[\boldsymbol{K}_{\mathrm{P}}(\boldsymbol{X}_{\mathrm{d}}-\boldsymbol{X})-\boldsymbol{K}_{\mathrm{V}}\dot{\boldsymbol{X}}]+\boldsymbol{G}(q) \tag{6.36}$$

这里 $\boldsymbol{F}$ 为末端手爪的假想操作力，由式（6.34）来计算大小，用来使手臂末端手爪向目标方向动作。再由式（6.35）的静力学关系式把它分解为关节力矩 $\boldsymbol{\tau}$。通常先通过编码器检测出关节变量 $\boldsymbol{q}$，再利用正运动学原理来计算手臂末端的位置 $\boldsymbol{X}$ 和速度 $\dot{\boldsymbol{X}}$，从而可避免用其他昂贵的传感器来直接检测 $\boldsymbol{X}$ 和 $\dot{\boldsymbol{X}}$。式（6.36）所涉及的控制方法，即所谓把末端拉向目标值的方法，不仅直观、容易理解，还不含逆运动学计算，可提高控制运算速度，这是该方法最大的优点。基于作业空间的伺服控制系统框图如图 6.7 所示。

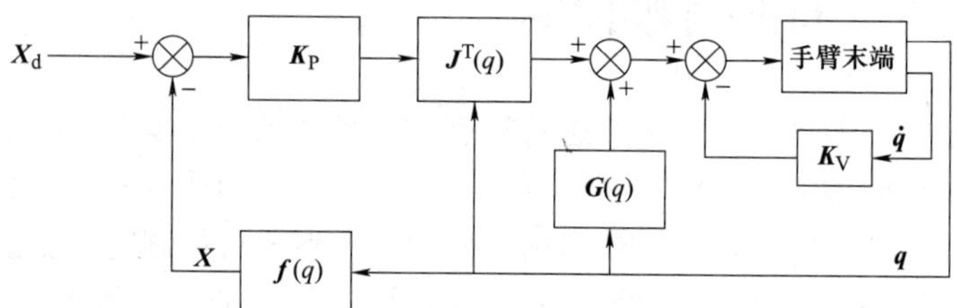

图 6.7　基于作业空间的伺服控制系统框图

可以证明，和基于关节的伺服控制系统一样，采用基于作业空间的伺服控制系统，其闭环系统的平衡点 $\boldsymbol{X}_{\mathrm{d}}$ 可达到渐进稳定，即当 $t\to\infty$ 时，$\boldsymbol{X}(t)\to\boldsymbol{X}_{\mathrm{d}}$，也即经过无限长的时间保证手臂末端收敛于位姿目标值。

同理，采用位置目标轨迹控制方式的伺服控制系统的控制规律可以表示为：

$$\boldsymbol{\tau}(t)=\boldsymbol{J}^{\mathrm{T}}(q)\{\boldsymbol{K}_{\mathrm{P}}[\boldsymbol{X}_{\mathrm{d}}(t)-\boldsymbol{X}(t)]+\boldsymbol{K}_{\mathrm{V}}[\dot{\boldsymbol{X}}_{\mathrm{d}}(t)-\dot{\boldsymbol{X}}(t)]\}+\boldsymbol{G}(q) \tag{6.37}$$

6.5　机器人末端执行器的力/力矩控制

机器人的交互控制本质上来说就是对机器人力的控制。直接力控受精度和噪声的影响较大，因此间接力控是一种更好的选择。间接力控可以分为柔顺控制和阻抗/导纳控制。其中柔顺控制又可以分为被动柔顺和主动柔顺，被动柔顺指的是通过一些弹性机械设备，使机器人与外界的接触过程中产生一定的柔顺性；主动柔顺是通过软件的方法使机器人对外界产生力的作用。阻抗/导纳控制是让机器人在与外界的交互中体现出一个包含质量、阻尼的二阶阻抗系统，阻抗/导纳控制既可以在关节空间中定义也可以在笛卡儿空间中定义。机器人的力/位控制是一种在平面内做力的控制，在与平面正交的位置做位移的控制。

对于焊接、喷漆等工作，机器人的末端执行器在运动过程中不与外界物体相接触，只实现位置控制就够了；而对于切削、磨光、装配作业，仅靠位置控制难以完成工作任务，必须控制机器人与操作对象间的作用力，以顺应接触约束。采用力控制，可以使机器人在有不确定性的约束环境下实现与该环境相顺应的运动，从而胜任更复杂的操作任务。

比较常用的机器人力的控制方法有阻抗控制（Impedance Control）、位置/力混合控制（Hybrid Position/Force Control）、柔顺控制（Compliance Control）和刚度控制（Stiffness Control）4 种。这些力控制方法的内容有很多相似的部分，但在各种控制方法中关于运动控制的概念却不一样。下面就两种主要的力控制方法进行讨论。

6.5.1　阻抗控制

自 1985 年 N. Hogan 系统地介绍机器人阻抗控制方法以来，阻抗控制方法的研究得到了很大的发展。这种方法主要是通过考虑物理系统之间的相互作用而发展起来的。机器人在操作过程中存在大量的机械功的转换，在某些情况下，机器人的末端执行器与环境之间的作用力可以忽略。此时为了控制，可以将机器人的末端执行器看成一个孤立的系统，把它的运动作为控制变量，这就是位置控制。但在一般的情况下，机器人的末端执行器与环境物体间的动态相互作用力，既不为零，又不能被忽略，生产过程中大量执行的都属于这一类型。此时，机器人的末端执行器不能再被看作一个孤立的系统，控制器除了要实现位置控制和速度控制外，还要调节和控制机器人的末端执行器的动态行为。图 6.8 所示为关节空间内的阻抗控制。

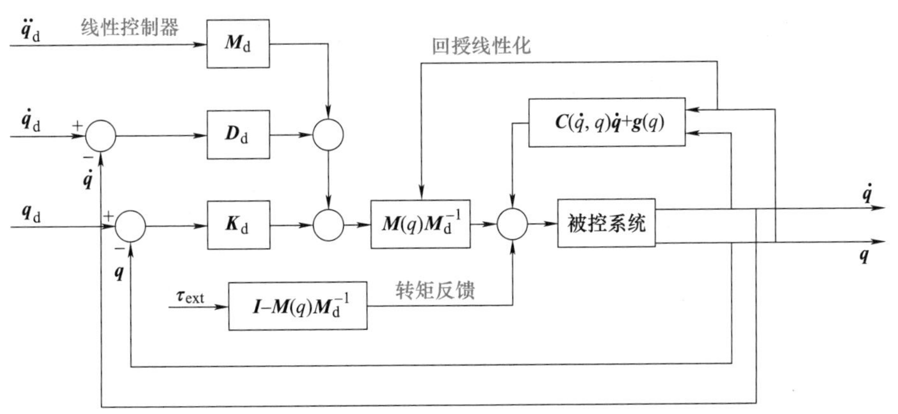

图 6.8　关节空间内的阻抗控制

如图 6.9 所示，用质量-阻尼-弹簧模型来表示末端执行器与环境之间的作用，对该系统实施力控制的方法称为阻抗控制。阻抗控制模型是用目标阻抗代替实际机器人的动力学模型。当机器人末端的位置 $\boldsymbol{X}$ 和理想的轨迹 $\boldsymbol{X}_d$ 存在偏差 $\boldsymbol{E}$ 时，即 $\boldsymbol{E}=\boldsymbol{X}-\boldsymbol{X}_d$，机器人在其末端产生相应的阻抗力 $\boldsymbol{F}$。目标阻抗由下式确定：

$$\boldsymbol{F}=\boldsymbol{M}\ddot{\boldsymbol{X}}+\boldsymbol{D}(\dot{\boldsymbol{X}}-\dot{\boldsymbol{X}}_d)+\boldsymbol{K}(\boldsymbol{X}-\boldsymbol{X}_d) \tag{6.38}$$

式中，$\boldsymbol{M}$、$\boldsymbol{D}$ 和 $\boldsymbol{K}$ 分别为阻抗控制的惯量、阻尼和弹性系数矩阵。一旦 $\boldsymbol{M}$、$\boldsymbol{D}$ 和 $\boldsymbol{K}$ 确定下来，即可得到笛卡儿坐标的期望动态响应。利用式（6.37）计算关节力矩，不需要求运动学逆解，而只需计算正运动学方程和雅可比逆矩阵。

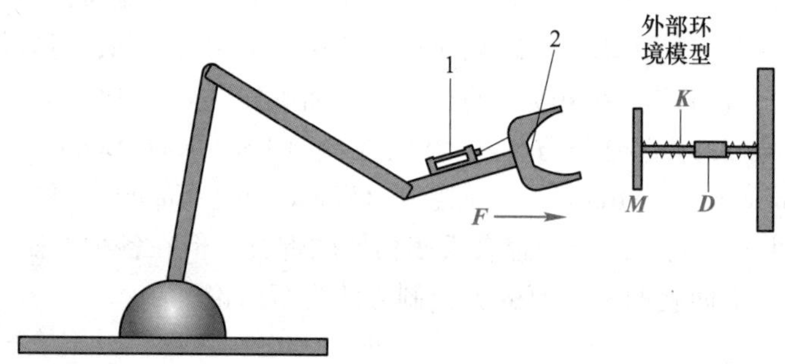

图 6.9　阻抗控制原理

1—力传感器　2—手臂末端

让机器人的每一个关节都体现出由弹簧-阻尼-质量组成的二阶系统的动态特性，即

$$\boldsymbol{M}_d\ddot{\tilde{\boldsymbol{q}}}+\boldsymbol{D}_d\dot{\tilde{\boldsymbol{q}}}+\boldsymbol{K}_d\tilde{\boldsymbol{q}}=\boldsymbol{\tau}_{ext},\tilde{\boldsymbol{q}}=\boldsymbol{q}_d-\boldsymbol{q} \tag{6.39}$$

机器人动力学方程为：

$$\boldsymbol{M}(q)\ddot{\boldsymbol{q}}+\boldsymbol{C}(\dot{q},q)\dot{\boldsymbol{q}}+\boldsymbol{g}(q)=\boldsymbol{\tau}-\boldsymbol{\tau}_{ext} \tag{6.40}$$

机器人在关节坐标系下的运动方程为：

$$\boldsymbol{\tau}=\boldsymbol{M}(q)\ddot{\boldsymbol{q}}+\boldsymbol{H}(q,\dot{q})+\boldsymbol{G}(q) \tag{6.41}$$

式中的 $\boldsymbol{H}(q,\ \dot{q})$ 项包含了离心力、科里奥利力和黏性摩擦力的影响。机器人末端执行器施加的环境外力 $\boldsymbol{F}$ 与关节抵抗力矩 $\boldsymbol{\tau}_F$ 之间的关系为：

$$\boldsymbol{\tau}_F=\boldsymbol{J}^{T}(q)\boldsymbol{F} \tag{6.42}$$

机器人在受到环境外力 F 作用后的运动方程为：

$$\boldsymbol{M}(q)\ddot{\boldsymbol{q}}+\boldsymbol{H}(q,\dot{q})+\boldsymbol{G}(q)=\boldsymbol{\tau}+\boldsymbol{J}^{T}(q)\boldsymbol{F} \tag{6.43}$$

再根据机器人作业空间速度与关节空间速度的关系 $\dot{\boldsymbol{X}}=\boldsymbol{J}(q)\dot{\boldsymbol{q}}$ 可得：

$$\ddot{\boldsymbol{X}}=\dot{\boldsymbol{J}}(q)\dot{\boldsymbol{q}}+\boldsymbol{J}(q)\ddot{\boldsymbol{q}} \tag{6.44}$$

将式（6.38）和式（6.44）代入式（6.43），可得机器人的驱动力矩的控制规律为：

$$\begin{aligned}\boldsymbol{\tau}=&\boldsymbol{H}(q,\dot{q})+\boldsymbol{G}(q)-\boldsymbol{M}(q)\boldsymbol{J}^{-1}(q)\dot{\boldsymbol{J}}(q)\dot{q}-\boldsymbol{M}(q)\boldsymbol{J}^{-1}(q)\boldsymbol{M}^{-1}[\boldsymbol{D}(\dot{\boldsymbol{X}}-\dot{\boldsymbol{X}}_d)+\\&\boldsymbol{K}(\boldsymbol{X}-\boldsymbol{X}_d)]+[\boldsymbol{M}(q)\boldsymbol{J}^{-1}(q)\boldsymbol{M}^{-1}-\boldsymbol{J}^{T}(q)]\boldsymbol{F}\end{aligned} \tag{6.45}$$

若手臂动作速度缓慢，可以认为 $\dot{X}-\dot{X}_d=0$，$\dot{J}(q)\dot{q}=0$，$H(q,\dot{q})=0$，不考虑重力的影响。同时，假设 $\Delta X=X-X_d$ 较小，则 $\Delta X=J(q)(q-q_d)$ 近似成立。式（6.45）可以简化为：

$$\tau=-J^T(q)KJ(q)(q-q_d) \tag{6.46}$$

式（6.46）表示的控制规律称为刚度控制规律，K 称为刚度矩阵。刚度控制是阻抗控制的一个特例，它是对机器人机械臂静态力和位置的双重控制。控制的目的是调整机器人机械臂与外部环境接触时的伺服刚度，以使机器人具有顺应外部环境的能力。K 的逆矩阵称为柔顺矩阵，所以式（6.46）表示的控制规律也称为柔顺控制规律。

让机器末端执行器在笛卡儿空间内的每个方向都体现出由弹簧-阻尼-质量组成的二阶系统的动态特性，即

$$M_d\ddot{\tilde{x}}+D_d\dot{\tilde{x}}+K_d\tilde{x}=F_{ext}, \tilde{x}=x_d-x \tag{6.47}$$

假定机器人的控制任务仍是跟随一条提前规划的轨迹，即 $\ddot{x}_d$、$\dot{x}_d$、x_d，则可定义如下的关节转矩控制输入：

$$\tau=M(q)J^{-1}(q)M_d^{-1}[M_d\ddot{x}_d+K\dot{\tilde{x}}+D\tilde{x}-M_d\dot{J}(\dot{q},q)\dot{q}]+[J^T(q)-M(q)J^{-1}(q)M_d]F_{ext} \tag{6.48}$$

速度和加速度求解分别为：

$$\dot{x}=J(q)\dot{q} \tag{6.49}$$

$$\ddot{x}=J(q)\ddot{q}+\dot{J}(\dot{q},q)\dot{q} \tag{6.50}$$

将关节转矩控制输入表达式代回机器人动力学方程，整理后可得到所期望的二阶系统动态方程。理想情况下，机器人末端执行器可在笛卡儿空间内体现出完全解耦的阻抗特性。

控制机器人运动与外力之间的动态关系，使其等效为由弹簧-阻尼-质量组成的二阶系统，需要建立机器人动力学及运动学模型，控制关节转矩，显示关节角及角速度的反馈，以及测量外力（矩），实现机器人运动控制（间接力控）。

6.5.2　位置与力的混合控制

位置与力的混合控制是指机器人末端的某个方向因环境关系受到约束时，同时进行不受约束方向的位置控制和受约束方向的力控制的控制方法。例如，机器人进行擦掉黑板上的文字、工件的打磨等作业时，垂直于黑板或工件的方向为约束方向，在该方向上要实施力的控制，而在平行于黑板或工件的方向为不受约束方向，在该方向上要实施位置的控制。这种既要控制力又要控制位置的要求可通过混合控制方法来实现。以工件表面打磨作业为例，机器人末端在对工件表面施加一定的力的同时，沿工件表面指定的轨迹运动。设与壁面平行的轴为 y 轴，与壁面垂直的轴为 z 轴，如图 6.10 所示的二自由度极坐标机器人，关节 1 具有回转自由度（q_1），关节 2 具有移动自由度（q_2）。控制目标为对两个自由度实施控制，生成壁面作用力的同时，机器人末端沿预定轨迹运动。

假设期望的施加于壁面的垂直力为 f，两个关节的位移分别为 q_1、q_2，由图 6.10 可以得到：

$$\begin{cases} x = q_2\cos q_1 + l\sin q_1 \\ y = q_2\sin q_1 - l\cos q_1 \end{cases} \tag{6.51}$$

且

$$\begin{cases} \tau_1 = f(q_2\sin q_1 - l\cos q_1) \\ \tau_2 = - f\cos q_1 \end{cases} \tag{6.52}$$

式中，f 为壁面反力，是关节 1 产生的力矩 τ_1 和关节 2 产生的力矩 τ_2 导致的。关节 1 和 2 追踪目标轨迹（$x_d(t), y_d(t)$）的同时，所产生的力矩必须满足力矩关系式（6.52）。驱动力矩可由下述方法来确定。

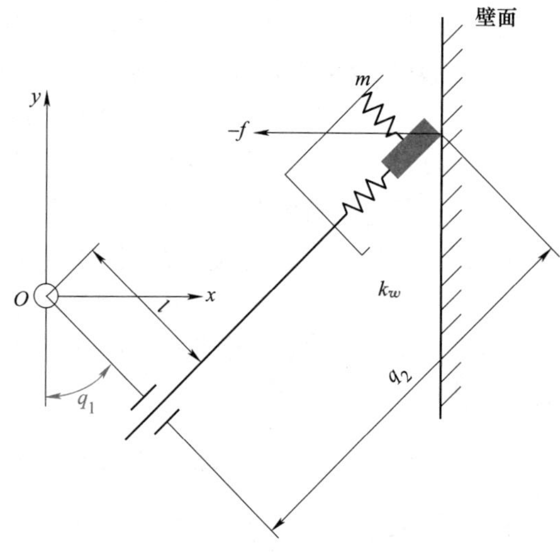

图 6.10　二自由度极坐标机器人壁面打磨作业举例

将关节变量 q_1、q_2 统一用关节矢量 $\boldsymbol{q}$ 表示，作业位置坐标（x，y）用 $\boldsymbol{X}$ 表示。期望的轨迹为 $\boldsymbol{X}_d(t)$，目标力矩为 $\boldsymbol{f}_d(t)$。对于图 6.10，有 $\boldsymbol{f}_d(t) = (-f \quad 0)^{\mathrm{T}}$。机器人末端的实际位移 $\boldsymbol{X}(t)$ 是可以测量的，或者说，可通过测量 $\boldsymbol{q}(t)$ 的值，由式（6.51）经运动学正变换 $\boldsymbol{X}(t) = \boldsymbol{h}[\boldsymbol{q}(t)]$ 简单地计算出位移。另一方面，机器人末端关节 2 轴线方向和其垂直方向的力通过质量为 m、弹簧刚度系数为 k 的力传感器来测量。基于以上的假设，考虑以下的偏差方程，即

$$\Delta \boldsymbol{X} = \boldsymbol{X}_d(t) - \boldsymbol{X}(t) \tag{6.53}$$

$$\Delta \dot{\boldsymbol{X}} = \dot{\boldsymbol{X}}_d(t) - \dot{\boldsymbol{X}}(t) = \dot{\boldsymbol{X}}_d(t) - \boldsymbol{J}(q)\dot{\boldsymbol{q}}(t) \tag{6.54}$$

$$\Delta \boldsymbol{f}(t) = \boldsymbol{f}_d(t) - \boldsymbol{P}\boldsymbol{F}(t) \tag{6.55}$$

式中，$\boldsymbol{F}(t)$ 为由图 6.10 中力传感器测量的分力 F_x、F_y 构成的力矢量；$\boldsymbol{P}$ 为图 6.10 中从关节 2 处建立的坐标系到固定在基座上的作业坐标系之间的变换矩阵，定义为

$$\boldsymbol{P} = \begin{bmatrix} \sin q_1 & \cos q_1 \\ -\cos q_1 & \sin q_1 \end{bmatrix} \tag{6.56}$$

下面来构造位置与力混合控制系统。沿 y 轴方向的位置和速度相关偏差构成位置控制，与力相关的 z 轴方向位置和速度相关偏差作为输入力构成力控制。这里，把 $\boldsymbol{S}$ 定义为模式选择矩阵即

$$\boldsymbol{S} = \begin{bmatrix} 0 & 0 \\ 0 & 1 \end{bmatrix} \tag{6.57}$$

一般来说，$\boldsymbol{S}$ 是对角线元素为 0 和 1 的对角行列式，位置控制时对角线元素为 1，力控制时对角线元素为 0。这样由式（6.57）可以得到：

$$\begin{cases} \Delta \boldsymbol{X}_e(t) = \boldsymbol{S}\Delta \boldsymbol{X}(t) \\ \Delta \dot{\boldsymbol{X}}_e(t) = \boldsymbol{S}\Delta \dot{\boldsymbol{X}}(t) \\ \Delta \boldsymbol{f}_e(t) = (\boldsymbol{I} - \boldsymbol{S})\Delta \boldsymbol{f}(t) \end{cases} \tag{6.58}$$

式中，$\boldsymbol{X}_e(t)$ 为目标值；$\boldsymbol{X}(t)$ 为实际值。

从作业坐标系变换到关节坐标系，可以得到：

$$\Delta \boldsymbol{q}_{\mathrm{e}}(t) = \boldsymbol{J}^{-1}\Delta \boldsymbol{X}_{\mathrm{e}}(t) \tag{6.59}$$

$$\Delta \dot{\boldsymbol{q}}_{\mathrm{e}}(t) = \boldsymbol{J}^{-1}\Delta \dot{\boldsymbol{X}}_{\mathrm{e}}(t) \tag{6.60}$$

$$\Delta \boldsymbol{\tau}_{\mathrm{e}}(t) = \boldsymbol{J}^{\mathrm{T}}\Delta \boldsymbol{f}_{\mathrm{e}}(t) \tag{6.61}$$

当偏差较小时，式（6.59）~式（6.61）是成立的。为了使机器人的末端位置偏差和末端力偏差 $\Delta \boldsymbol{f}(t)$ 分别收敛到0，可采用下面的控制规律。

（1）位置控制规律　位置控制系统的微分方程如下：

$$\boldsymbol{\tau}_{\mathrm{P}} = \boldsymbol{K}_{\mathrm{PP}}\Delta \boldsymbol{q}_{\mathrm{e}}(t) + \boldsymbol{K}_{\mathrm{PI}}\int \Delta \boldsymbol{q}_{\mathrm{e}}(t)\,\mathrm{d}t + \boldsymbol{K}_{\mathrm{PD}}\Delta \dot{\boldsymbol{q}}_{\mathrm{e}}(t) \tag{6.62}$$

式中，$\boldsymbol{\tau}_{\mathrm{P}}$ 为位置控制中的力矩；$\boldsymbol{K}_{\mathrm{PP}}$、$\boldsymbol{K}_{\mathrm{PI}}$、$\boldsymbol{K}_{\mathrm{PD}}$ 均为基于位置偏差的 PID 控制的系矩阵。

（2）力控制规律　力控制系统的微分方程如下：

$$\boldsymbol{\tau}_{\mathrm{f}} = \boldsymbol{K}_{\mathrm{f}}\Delta \boldsymbol{\tau}_{\mathrm{e}}(t) \tag{6.63}$$

式中，$\boldsymbol{\tau}_{\mathrm{f}}$ 为力控制规律中的力矩。

应该注意的是：$\Delta \boldsymbol{q}$ 和 $\dot{\boldsymbol{q}}$ 可由运动学方程算出，$\Delta \boldsymbol{\tau}$ 可由静力学关系式算出。最终混合控制时，要把式（6.62）中的 $\boldsymbol{\tau}_{\mathrm{P}}$ 和式（6.63）中的 $\boldsymbol{\tau}_{\mathrm{f}}$ 合在一起构成的驱动力 $\boldsymbol{\tau}$ 施加到关节上，即

$$\begin{aligned}\boldsymbol{\tau} &= \boldsymbol{\tau}_{\mathrm{P}} + \boldsymbol{\tau}_{\mathrm{f}} \\ &= \boldsymbol{K}_{\mathrm{PP}}\boldsymbol{J}^{-1}\boldsymbol{S}(\boldsymbol{X}_{\mathrm{d}} - \boldsymbol{X}) + \boldsymbol{K}_{\mathrm{PI}}\boldsymbol{J}^{-1}\boldsymbol{S}\int(\boldsymbol{X}_{\mathrm{d}} - \boldsymbol{X})\,\mathrm{d}t + \boldsymbol{K}_{\mathrm{PD}}\boldsymbol{J}^{-1}\boldsymbol{S}(\dot{\boldsymbol{X}}_{\mathrm{d}} - \dot{\boldsymbol{X}}) + \\ &\quad \boldsymbol{K}_{\mathrm{f}}\boldsymbol{J}^{\mathrm{T}}(\boldsymbol{I} - \boldsymbol{S})(\boldsymbol{f}_{\mathrm{d}} - \boldsymbol{PF})\end{aligned} \tag{6.64}$$

式中，$\boldsymbol{K}_{\mathrm{f}}$ 为基于力偏差的负反馈控制的增益矩阵。位置与力混合控制原理如图6.11所示，依据该控制原理，可以实现机器人手臂末端一边在约束方向用目标力 $\boldsymbol{f}_{\mathrm{d}}$ 推压、一边在约束方向的位置收敛到目标位置 $\boldsymbol{X}_{\mathrm{d}}$ 的操作。

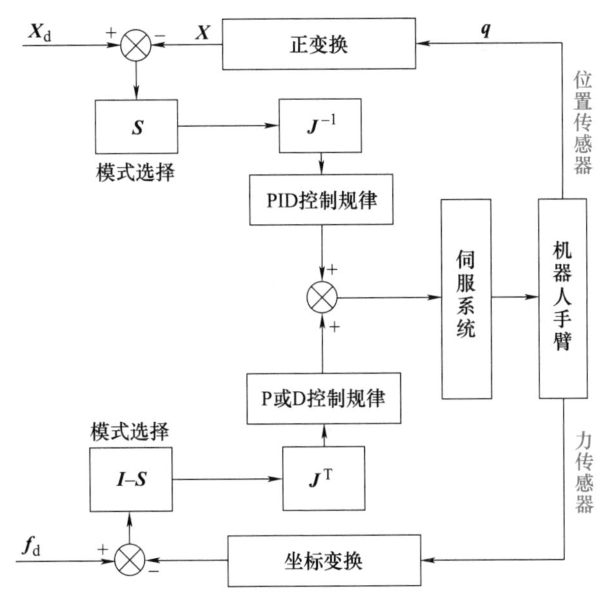

图6.11　位置与力混合控制原理

6.6 工业机器人控制系统硬件设计

6.6.1 单关节伺服控制系统

工业机器人的末端要安装各种类型的工具来完成作业任务，所以难以在末端安装位移传感器来直接检测手部在空中的位姿。采取的办法是利用各个关节电动机自带的编码器检测的角度信息，依据正运动学间接地计算出手部在空中的位姿，所以工业机器人单关节电动机的控制系统是一个典型的半闭环伺服控制系统，如图 6.12 所示。

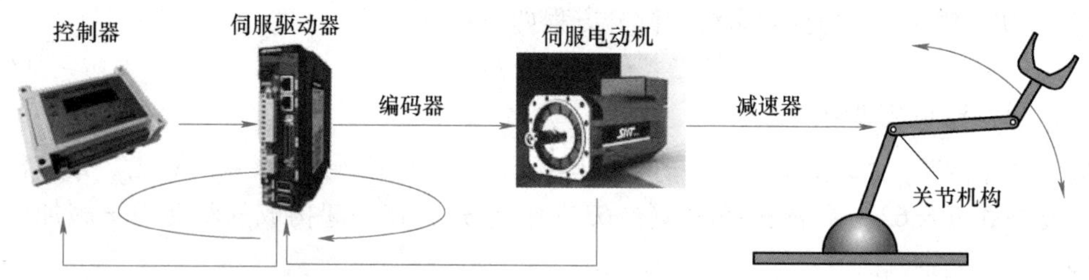

图 6.12 机器人单关节伺服驱动系统原理

半闭环伺服控制系统具有结构简单、价格低廉的优点，但不能检测减速器、关节机构等传动链的制造误差，所以系统控制精度有限。为了提高机器人系统的控制精度，对减速器、关节机构等传动链的加工精度、稳定性和系统控制性能等提出了较高要求。

6.6.2 工业机器人控制系统的硬件构成

机器人控制系统种类很多，是现代运动控制系统应用的一个分支。目前常用的运动控制器从结构上主要分为以单片机（MCU）为核心的机器人控制系统，以可编程序控制器（PLC）为核心的机器人控制系统，以及基于工业控制计算机（IPC）+运动控制卡的工业机器人控制系统。

以 MCU 为核心的机器人控制系统是把 MCU 嵌入运动控制器中，能够独立运行并且带有通信接口方式，方便与其他设备进行通信。这种控制系统具有电路原理简洁、运行性能良好、系统成本低的优点，但系统运算速度、数据处理能力有限且抗干扰能力较差，难以满足高性能机器人控制系统的要求。

以 PLC 为核心的机器人控制系统技术成熟、编程方便，在可靠性、扩展性、对环境的适应性等方面有明显优势，并且具有体积小、方便安装维护、互换性强等优点。但是和以单片机为核心的机器人控制系统一样，不支持先进的、复杂的算法，不能进行复杂的数据处理，不能满足机器人系统的多轴联动等复杂的运动轨迹。

基于 IPC+运动控制卡的开放式工业机器人控制系统硬件构成如图 6.13 所示。采用上、下位机的二级主从控制结构。IPC 为主机，主要实现人机交互管理、显示系统运行状态、发送运动指令、监控反馈信号等功能。运动控制卡以 IPC 为基础，专门完成机器人系统的各种运动控制（包括位置方式、速度方式和力矩方式），主要是数字交流伺服系统及相关的信号输入、输出。IPC 将指令通过 PC 总线传送到运动控制器，运动控制器根据来自 IPC 的应用程序命令，按照设定的运动模式，向伺服驱动器发出指令，完成相应的实时控制。

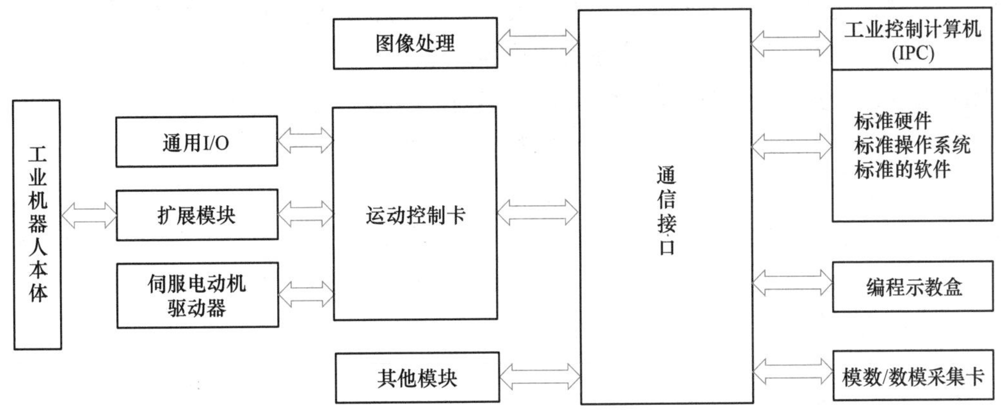

图 6.13　IPC+运动控制卡的开放式工业机器人控制系统硬件构成

该控制系统 IPC 和运动控制卡分工明确，系统运行稳定、实时性强、满足复杂运动的算法要求、抗干扰能力强、开放性强。基于 IPC+运动控制卡的机器人控制系统将是未来工业机器人控制系统的主流。

下面从工业机器人的应用角度，分析开放式伺服控制系统的常用控制方法。采用运动控制卡控制伺服电动机，通常使用以下两种指令方式。

（1）数字脉冲指令方式　这种方式与步进电动机的控制方式类似，运动控制卡向伺服驱动器发送“脉冲/方向”或“CW/CCW”类型的脉冲指令信号。脉冲数量控制电动机转动的角度。脉冲频率控制电动机转动的速度。伺服驱动器工作在位置控制模式，位置闭环由伺服驱动器完成。采用此种指令方式的伺服系统是一个典型的硬件伺服系统，系统控制精度取决于伺服驱动器的性能。该控制系统具有系统调试简单、不易产生干扰等优点，但缺点是伺服系统响应稍慢、控制精度较低。

（2）模拟信号指令方式　在这种方式下，运动控制卡向伺服驱动器发送±10V 的模拟电压指令，同时接受来自电动机编码器的位置反馈信号。伺服驱动器工作在速度控制模式，位置闭环控制由运动控制卡实现，如图 6.14 所示。在伺服驱动器内部，位置控制环节必须首先通过数模转换，最终是应用模拟量实现的。速度控制环节减少了数模转换步骤，所以驱动器对控制信号的响应速度快。该控制系统具有伺服响应快、可以实现软件伺服、控制精度高等优点，缺点是对现场干扰较敏感、调试稍复杂。

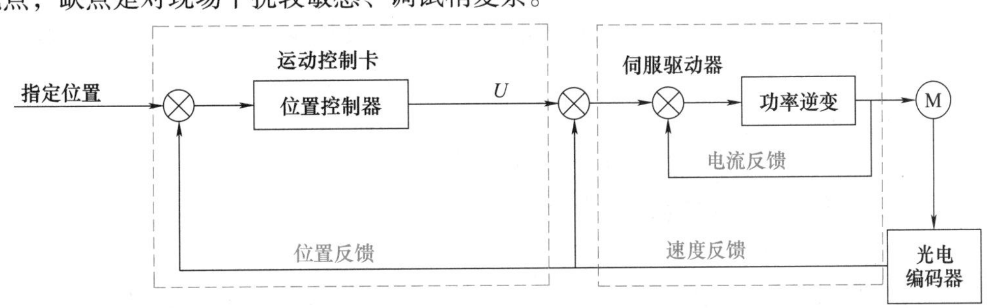

图 6.14　伺服控制系统软件控制框图

在图 6.14 中，把位置环从伺服驱动器移到运动控制卡上，在运动控制卡中实现电动机的位置环控制，伺服驱动器实现电动机的电流环控制和速度环控制，这样可以在运动控制卡中实现一些复杂的控制算法，来提高系统的控制性能。

图 6.15 所示为叠加了多种补偿值的前馈 PID 控制原理图。高性能的运动控制卡都提供了该控制算法。图中的动力学补偿为对其他轴连接时所产生的离心力、科里奥利力等进行的补偿，重力补偿为对重力所产生的干扰力进行的补偿。在软件设计时，每隔一个控制周期求出机器人各关节的目标位置、目标速度、目标加速度和力矩补偿值。在这些数值之间再按一定间隔进行一次插补运算，这样配合起来，然后对各个关节进行控制，达到提高系统的控制精度和鲁棒性的目的。

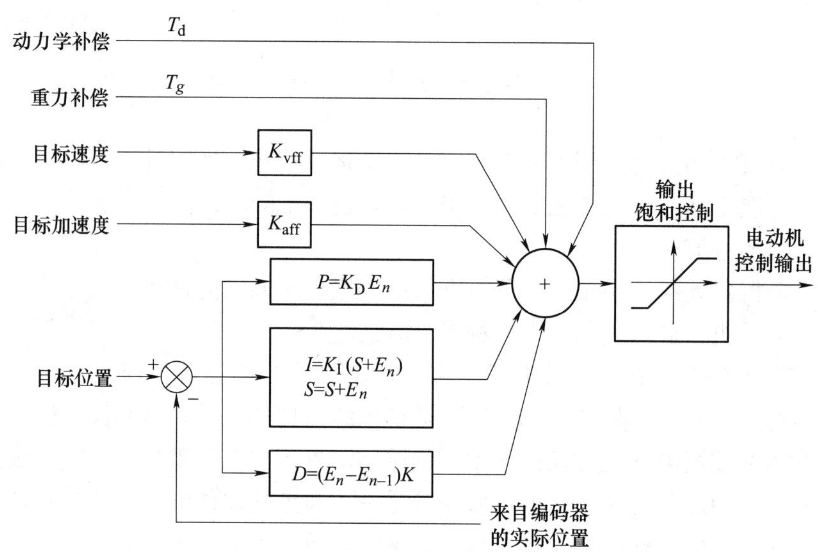

图 6.15　叠加多种补偿值的前馈 PID 控制原理图

6.7　机器人关节控制仿真实例

机器人关节控制有多种控制方式，如位置控制、速度控制、阻抗控制和力/位置混合控制。其中位置控制和速度控制主要为 PID 控制，PID 控制又分为 P、PI、PD、PID 控制。阻抗控制、力/位置混合控制与 PID 控制密切相关，下面通过具体仿真实例展示各控制器在控制系统的作用。

考虑一个二阶对象模型 $G(s)=\dfrac{5}{(s+1)(s+5)}$，研究分别采用 P、PI、PD、PID、阻抗、力/位置混合控制策略下闭环系统的阶跃响应。

1. 只有比例控制的情况

当只有比例控制时，K_P 取值为 0.8~3.2，变化增量为 0.8，则闭环阶跃响应曲线如图 6.16 所示。由图 6.16 可见，当 K_P 值增大时，超调量系统响应速度加快。P 控制器实质上是一个具有可调增益的放大器，虽然加大控制器增益 K_P 可以提高系统的开环增益，减小系统稳态误差，提高系统的控制精度，但会降低系统的相对稳定性。所以当 K_P 达到一定值后，系统将会趋于不稳定。

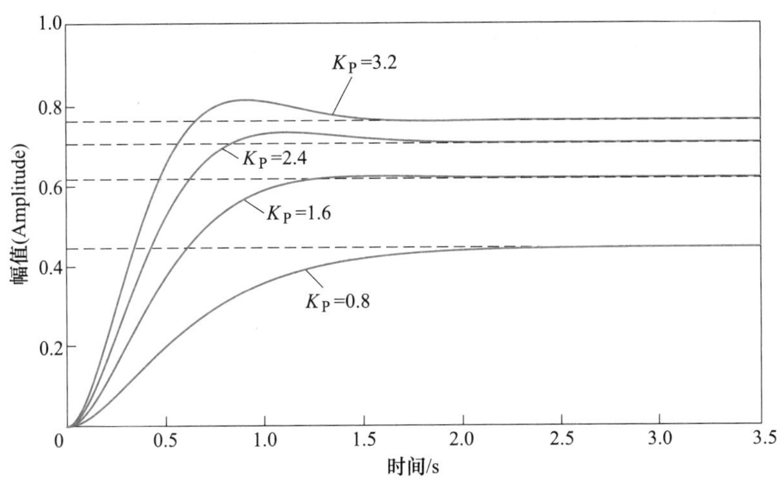

图 6.16　比例控制闭环阶跃响应曲线

基于二阶对象模型 $G(s)=\dfrac{5}{(s+1)(s+5)}$ 的比例仿真代码如下：

```
% MATLAB 程序
G0=zpk([],[-1 -5],5);%建立零极点形式数学模型
Kp=[0.8,1.6,2.4,3.2];
for i=1:length(Kp)
    G=feedback(Kp(i)*G0,1) %闭环反馈函数
    step(G) %求取系统单位阶跃响应
    hold on
end
gtext('K_p = 0.8') %函数的添加说明
gtext('K_p = 1.6')
gtext('K_p = 2.4')
gtext('K_p = 3.2')
```

2. 采用 PI 控制

采用 PI 控制时，令 $K_P=1$，T 取值为 0.2~0.5，变化增量为 0.1，相应的闭环阶跃响应如图 6.17 所示。PI 的控制作用是可以消除或减小静态误差，改善系统稳态性能。由图 6.17 可见，当 T 值增大时，系统超调变小，响应速度变快；若 T 变小，则超调增大，响应变慢。只要积分常数 T 足够大，PI 对系统稳定性的不利影响可大为减弱，PI 控制器在实践中主要用来改善系统的稳态性能。

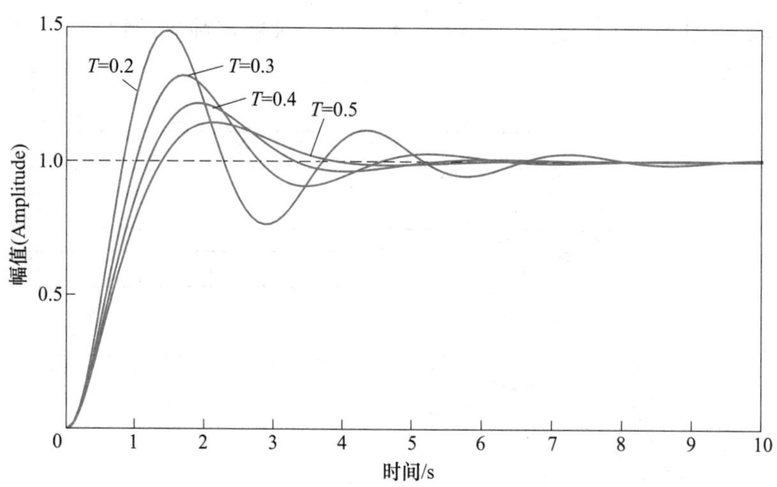

图 6.17　PI 控制闭环阶跃响应曲线

基于二阶对象模型 $G(s)=\dfrac{5}{(s+1)(s+5)}$的比例、积分控制仿真代码如下：

```
%MATLAB 程序
G0=zpk([ ],[-1 -5],5);%建立零极点形式数学模型
T=[0.2,0.3,0.4,0.5];
Kp=1;
for i=1:length(T)
Gc=tf([Kp,Kp/T(i)],[1,0]); %采用传递函数形式建立系统模型
sys=feedback(G0*Gc,1)%闭环反馈函数
step(sys)%画出任意一个动态系统模型 sys 的阶跃响应
hold on
end
gtext('T_i = 0.2') %函数的添加说明
gtext('T_i = 0.3')
gtext('T_i = 0.4')
gtext('T_i = 0.5')
```


3. 采用 PD 控制

采用 PD 控制时，令 $K_P=1000$，K_d 的取值为 0.5~1.1，变化增量为 0.2，相应的闭环阶跃响应如图 6.18。PD 的作用是提前产生修正作用，以增加系统的阻尼程度，改善系统动态性能。由图 6.18 可以看出，随着 K_d 的增加，峰值时间减小，超调量增加，阻尼比减小，反应速度加快。

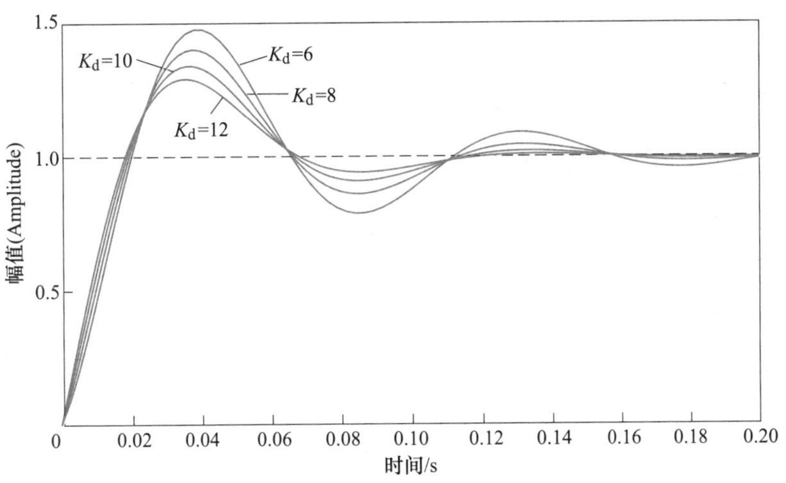

图 6.18 PD 控制闭环阶跃响应曲线

基于二阶对象模型 $G(s)=\dfrac{5}{(s+1)(s+5)}$的比例、微分控制仿真代码如下：

```
% MATLAB 程序
G0=zpk([ ],[-1 -5],5); %建立零极点形式数学模型
Kd=[6,8,10,12];
Kp=1000;
for i=1:length(Kd)
Gc=tf([Kd(i),Kp],[0,1]); %采用传递函数形式建立系统模型
sys=feedback(G0*Gc,1)%闭环反馈函数
step(sys)%画出任意一个动态系统模型 sys 的阶跃响应
hold on
end
gtext('K_d = 6') %函数的添加说明
gtext('K_d = 8')
gtext('K_d = 10')
gtext('K_d = 12')
```

4. 采用 PID 控制

若采用 PID 控制，令 $K_P=1$，$T_i=0.1$，T_d 取值为 0.4～1.6，变化增量为 0.4，闭环响应曲线如图 6.19 所示。由图 6.19 可以看出，当 T_d 增大时，系统的超调量减小，响应速度加快。PID 控制器能够使系统的型别提高一级，可以提高系统的稳态性能和改善系统的动态性能。

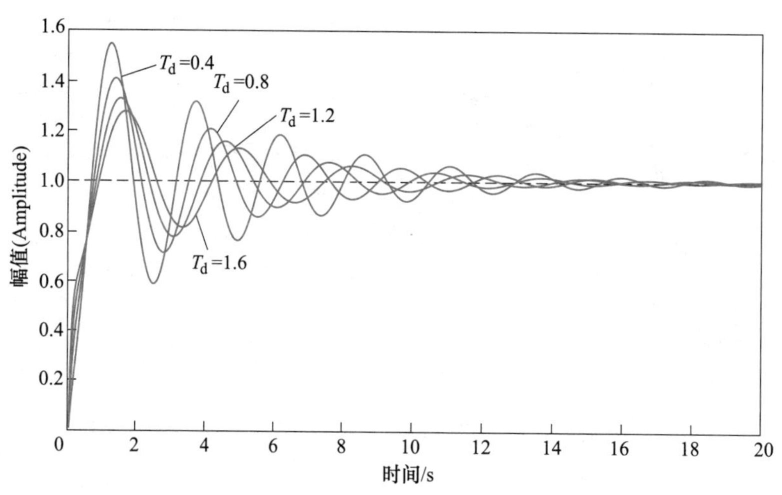

图 6.19　PID 控制闭环阶跃响应曲线

基于二阶对象模型 $G(s)=\dfrac{5}{(s+1)(s+5)}$ 的比例、积分、微分控制仿真代码如下：

```
% MATLAB 程序
Kp=1;
Ti=0.1;
Td=[0.4,0.8,1.2,1.6];
G0=zpk([],[-1 -5],5); %根据传递函数建立被控系统的模型
for i=1:length(Td)
Gc=tf([Kp * Td(i),Kp,Kp/Ti],[1,0]);
sys = feedback(G0 * Gc,1)%闭环反馈函数
step(sys)
hold on
end
gtext('T_d = 0.4') %函数的添加说明
gtext('T_d = 0.8')
gtext('T_d = 1.2')
gtext('T_d = 1.6')
```

5. 采用阻抗控制

采用阻抗控制，令 $K_P=M_d=K_d=2$，B_d 的取值为 1.6~5.2，变化增量为 1.2，闭环响应曲线如图 6.20 所示。由图 6.20 可以看出，当 B_d 增大时，系统峰值时间增加，超调量增大，反应时间加快，改善了系统的动态性能，但降低了系统的稳态性能。

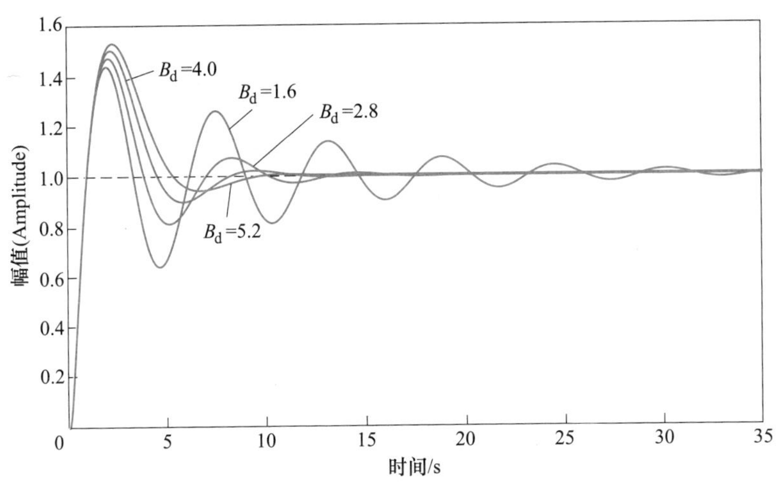

图 6.20　阻抗控制闭环阶跃响应曲线

基于二阶对象模型 $G(s)=\dfrac{5}{(s+1)(s+5)}$ 的阻抗控制仿真代码如下：

```
%MATLAB 程序
G0=zpk([],[-1 -5],5)
Kp=2
Md=2
Kd=2
Bd=[1.6,2.8,4.0,5.2]
for i=1:length(Bd)
    G=tf(1,[Md,Bd(i),Kd])
    sys=feedback(G0*Kp,G)
    step(sys)
    hold on
end
gtext('B_d = 1.6') %函数的添加说明
gtext('B_d = 2.8')
gtext('B_d = 4.0')
gtext('B_d = 5.2')
```

6. 采用力/位置混合控制

采用力/位置混合控制，令 $K_{pp}=0.2$，$K_{pi}=5$，K_{pd} 的取值为 0.2~0.8，K_f 的取值为 0.3~0.9，变化增量皆为 0.2，闭环响应曲线如图 6.21 所示。由图 6.21 可以看出，当 K_{pd} 和 K_f 增大时，系统峰值时间减小，超调量减小，反应速度加快，改善了系统的稳态性能和动态性能。

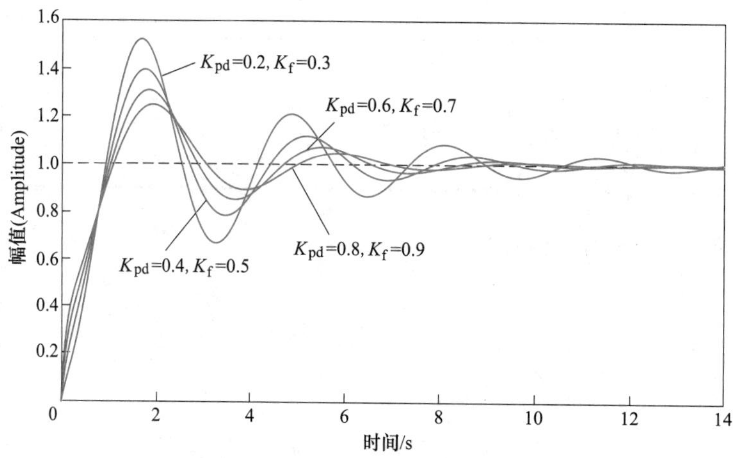

图 6.21　力/位置混合控制闭环阶跃响应曲线

基于二阶对象模型 $G(s)=\frac{5}{(s+1)(s+5)}$ 的力/位置混合控制仿真代码如下：

```
G0=zpk([],[-1 -5],5)
Kpp=0.2
Kpi=5
Kpd=[0.2,0.4,0.6,0.8]
Kf=[0.3,0.5,0.7,0.9]
for i=1:length(Kpd)
    G1=tf([Kpd(i),Kpp,Kpi],[1,0])
    G2=tf(Kf(i),1)
    sys=feedback(G0*(G1+G2),1)
    step(sys)
    hold on
end
gtext('K_pd = 0.2 K_f= 0.3') %函数的添加说明
gtext('K_pd = 0.4 K_f= 0.5')
gtext('K_pd = 0.6 K_f= 0.7')
gtext('K_pd = 0.8 K_f= 0.9')
```

习　题

6.1　列举你所知道的工业机器人的控制方式，并简要说明其应用场合。

6.2　何谓点位控制和连续轨迹控制？举例说明它们在工业上的应用。

6.3　机器人在什么场合中要实施力-位置控制？说明位置与力混合控制模型（图 6.11）中矩阵 S 的作用。

6.4　简述 IPC+运动控制卡的开放式工业机器人控制系统的特点，以及采用运动控制卡控制伺服电动机时的两种指令方式。

6.5　一个六关节机器人沿着一条三次曲线通过两个中间点并停止在目标点，需要计算几个不同的三次曲线？描述这些三次曲线需要存储多少个系数？

第7章

仿真案例

7.1 基于 SOLIDWORKS、Adams 和 MATLAB 的三连杆机器人联合仿真

7.1.1 软件介绍

Adams 软件专门用于机械产品虚拟样机的开发。Adams 最主要的功能是研究复杂系统的运动学关系和动力学关系，以计算多体系统动力学为理论依据，在高速计算机上对产品进行仿真计算，得到多种实验数据结果，使设计者更容易发现并解决问题。Adams 有极强的运动学及动力学仿真功能，但三维造型功能有待提高，在曲面设计时显得捉襟见肘。

综合利用三种软件可以快速完成工程项目的设计、分析和优化。具体过程如下：三维实体模型需要在 SOLIDWORKS 中建立、装配，进行一些简单的分析，例如，干涉检查及运动学分析等。将模型导入 Adams 中，设定相关仿真参数做出虚拟样机，对运动学、动力学进行分析得出相关数据。然后，在 MATLAB 中利用 Simulink 来搭建所需的框图结构，从而达到对三连杆机械臂状态进行实时分析和控制的目的。

SOLIDWORKS 与 Adams 之间的数据传送可通过 COSMOS/Motion 模块输入成 Adams 格式进行数据交换，也可以通过 Parasolid 格式进行数据交换。在 SOLIDWORKS 中装配模型、统一单位，并通过接口模块定义各刚体，完成后传输到 Adams 中进行操作，定义材料属性、零件间的连接副，以及重力等参数后，对模型进行分析。SOLIDWORKS 与 MATLAB 之间传送数据可以通过 Simscape Multibody 进行无缝连接。MATLAB 与 Adams 之间可以通过 .m 格式文件进行交互作业。图 7.1 所示为 Adams 和 MATLAB 联合仿真框图。

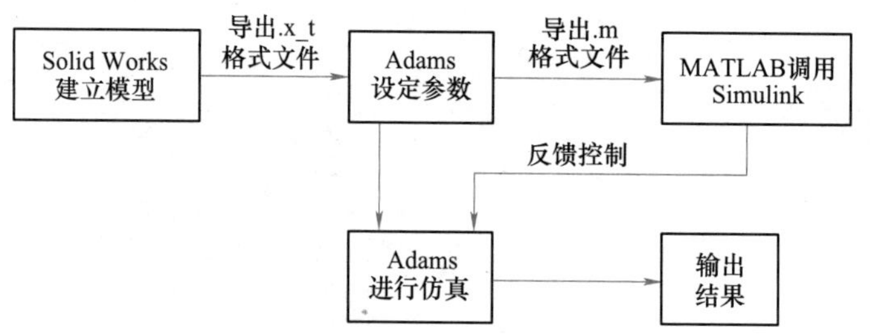

图 7.1　Adams 和 MATLAB 联合仿真框图

7.1.2　SOLIDWORKS 建模

机械臂是一种能够模仿人的手部动作，按照既定程序自动抓取、搬运和操作的自动化装置，它可以在编程功能下完成各种预期任务。它不仅在整体结构和性能上具备了人手的优势，同时也具备了机械臂的优势。

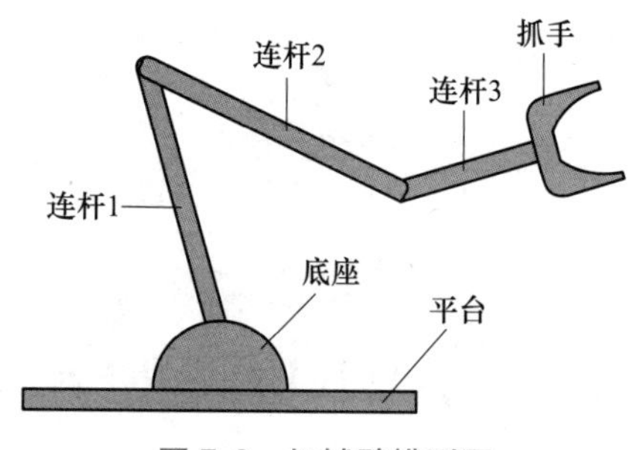

图 7.2　机械臂模型图

利用 SOLIDWORKS 软件，对机械臂建立模型，如图 7.2 所示。该机械臂主要包括抓手、连杆和底座三个主要零件。

7.1.3　Adams 模型导入和运动学仿真

1）将 SOLIDWORKS 建好的机械臂模型另存为 Parasolid（*.x_t）格式，在 Adams 中单击“File”，选择“Import”，完成对机械臂模型的导入，如图 7.3 所示。

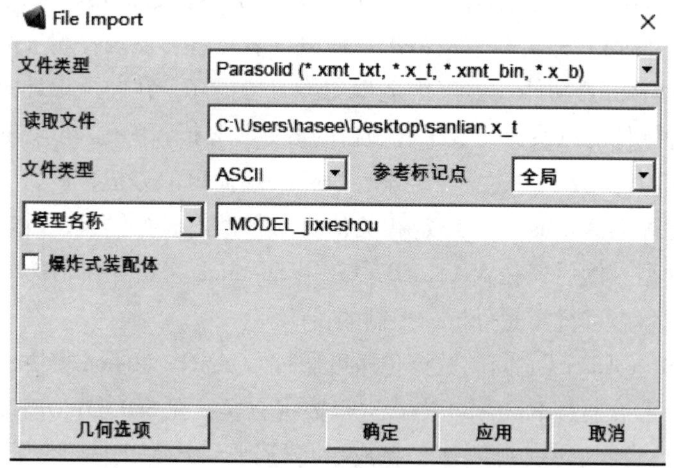

图 7.3　导入模型

2）按照 Adams 的命名规则对模型中各个零件重新命名，见表 7.1，对机械臂的各个零件添加材料属性，目的是模拟机械臂的重力。

表 7.1 各个零件的材料属性

零件名称	平台	其余
材料	45 钢	不锈钢
密度/(kg/m^3)	7850	7750
弹性模量/GPa	200	190
杨氏模量/GPa	207	190
泊松比	0.3	0.31
热扩张系数/(10^{-5}/K)	1.2	1.7

3）对机械臂的每个关节添加“铰链”约束（即运动副），即在每个关节部位添加转动副。在添加旋转副时，注意它有两个属性：一是必须有铰链相连的两个构件；二是旋转副的方向，设置方向必须与关节轴线完全重合，充分利用 Adams 自主生成的关节转轴中心的标记点，精确设置旋转副的方向。将在 Adams 创建的平台与大地采用固定副连接，保证机械臂在平台上有一个相对固定的位置，便于运动仿真。各运动副的创建要求见表 7.2。

表 7.2 运动副的设置

构成运动副的构件	运动副	方 向	运动中的作用
平台与大地	固定副		使机器人有一个固定位置，便于仿真
底座和平台	旋转副	与平台面平行	使底座可 360°旋转
连杆 1 和底座	旋转副	与连杆在底座固定处的关节转轴轴线重合	连杆 1 实现上下摆动
连杆 2 和连杆 1	旋转副	与两连杆连接处的关节转轴轴线重合	连杆 2 实现上下摆动
连杆 3 和连杆 2	旋转副	与两连杆连接处的关节转轴轴线重合	连杆 3 实现上下摆动
抓手和连杆 3	旋转副	与抓手在连杆固定处的关节转轴轴线重合	抓手可 360°旋转

4）在各个关节处的转动副上添加驱动电机（Motion），即添加一个在关节上随着时间变化的力矩，驱动关节旋转各种角度，从而实现机械臂的各种运动。各电机位置如图 7.4 所示。

5）给每个旋转的驱动电机添加函数，在仿真时驱动运动副运动，从而使机械臂运动。整个机械臂总共有 5 个运动副，则需添加 5 个驱动电机（Motion），控制各个关节转动。为每个驱动模块添加时间运行函数，对电机 1、电机 2、电机 3 添加 Step 函数，电机 4、电机 5 添加一般时间函数。

Step 函数的格式为：STEP（X，X0，h0，X1，h1）。其中参数含义分别为：X——自变量，可以为时间或者时间的任意函数；X0——自变量的 Step 函数的初始值，可以是常数、函数表达式或设计变量；h0——Step 函数的初始值；X1——自变量的 Step 函数结束值，可以是常数、函数表达式或设计变量；h1——Step 函数的最终值。

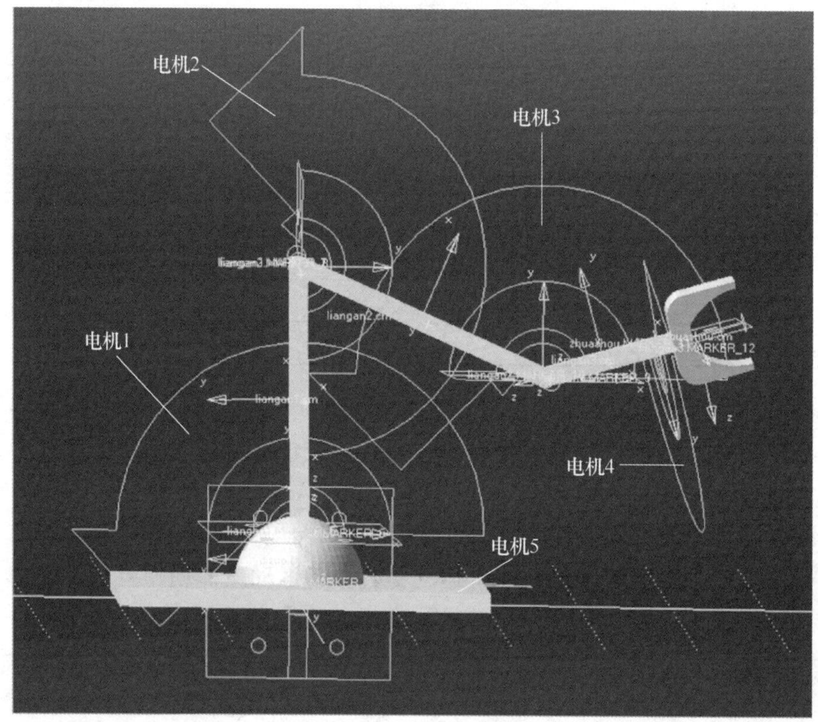

图 7.4　施加的电机

为更好地进行仿真，机械臂每根连杆的 Step 函数编写为一个周期，现在设置驱动电机 1 的 Step 函数（转动副的位移函数）。具体设置如图 7.5 所示，即：

电机 1：STEP(time , 0 , 0 , 2.5 , 30d)+STEP(time , 2.5, 30d , 5 , 0)+STEP(time , 5 , 0 , 7.5 , -30d)+STEP(time , 7.5 , -30d , 10 , 0)。

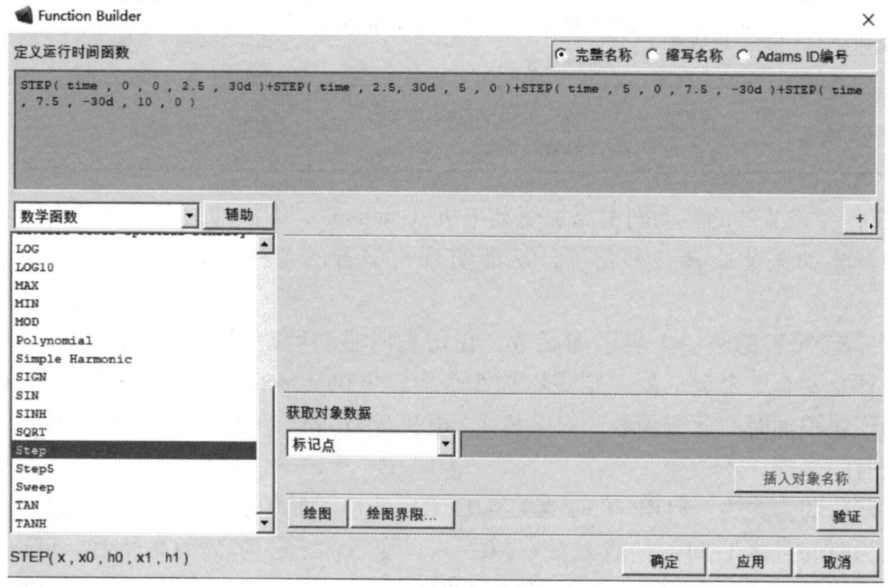

图 7.5　电机 1 的 Step 函数设置

其含义是：在运动周期内，在 0~2.5s，关节角度从 0°到 30°；在 2.5~5s，角度又从 30°到 0°；在 5~7.5s，角度又从 0°到-30°；在 7.5~10s，角度从-30°到 0°。

同理，写出电机 2 和电机 3 的 Step 函数分别为：

电机 2：STEP(time , 0 , 0 , 2.5 , -30d) +STEP(time , 2.5, -30d , 5 , 0) + STEP(time , 5 , 0 , 7.5 , 30d) +STEP(time , 7.5 , 30d , 10 , 0)。

电机 3：STEP(time , 0 , 0 , 2.5 , 60d) +STEP(time , 2.5, 60d , 5 , 0) +STEP(time , 5 , 0 , 7.5 , -60d) +STEP(time , 7.5 , -60d , 10 , 0)。

电机 4 和电机 5 只需满足底座和转手旋转即可，故设置时间函数为 30d * time。

6）设置仿真时间为 10s，步数为 500，在 Adams 中对机械臂进行运动学仿真，仿真图如图 7.6 所示。

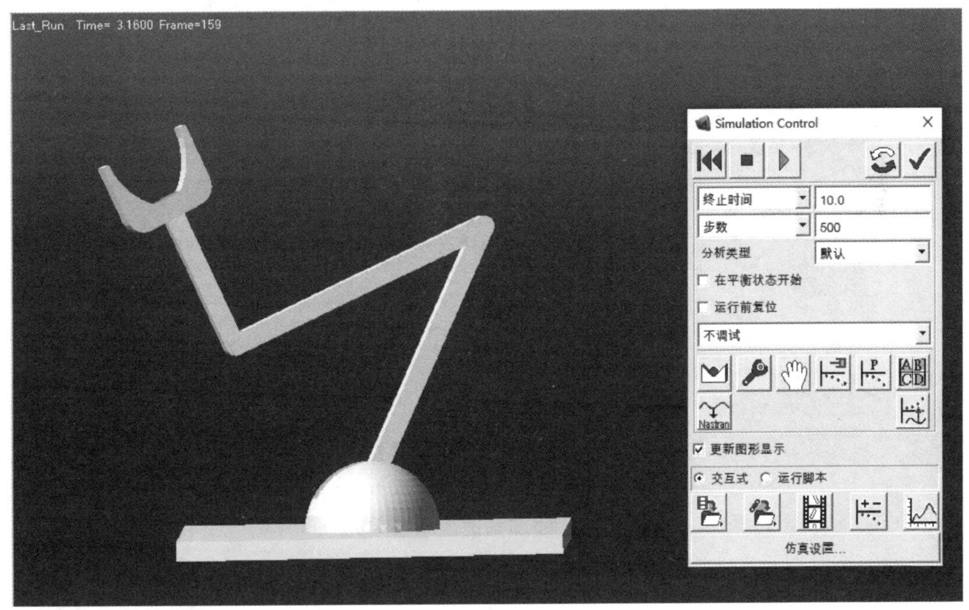

图 7.6 仿真图

7.1.4 Adams 软件中搭建机械系统模型

1. 添加系统单元

将角度系统单元作为外部控制数据的接入口，将角速度系统单元、力矩系统单元作为内部数据输出至外部，用于观察和控制系统的反馈。

（1）添加角度系统单元 选择单元栏里的创建状态变量，将名称设置成 angle1；用同样的方法添加 angle2、angle3 变量，如图 7.7 所示。

（2）添加角速度系统单元 选择单元栏里的创建状态变量，将名称设置成 angular_ velocity1；在定义运行时间函数中选择速度函数的 Angular Velocity about Z，单击“辅助”进行函数编写，将终点标记点设置成连接处关节点标记点，始点标记点设置成大地标记点，绕标记点设置成大地标记点。用同样的方法添加 angular_ velocity2、angular_ velocity3 变量，如图 7.8 和图 7.9 所示。

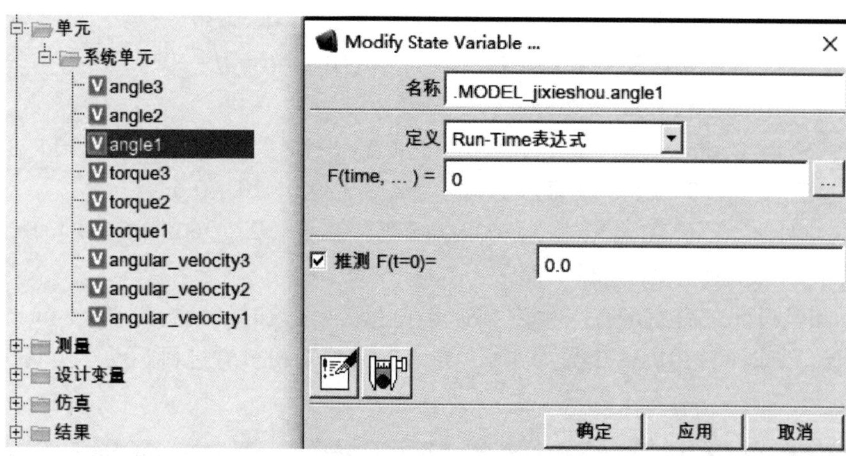

图 7.7 添加角度系统单元

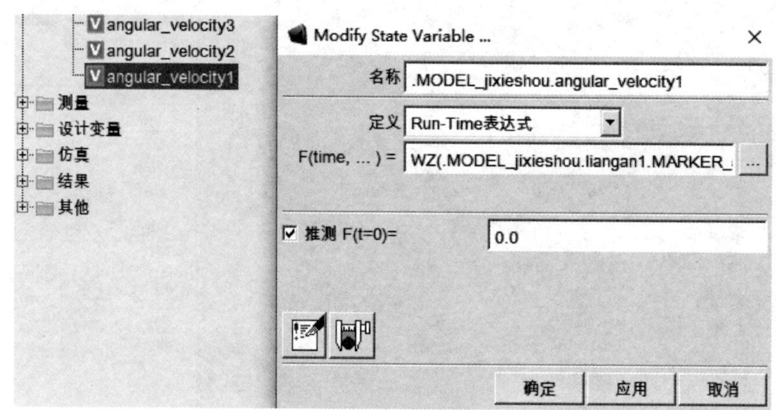

图 7.8 添加角速度系统单元

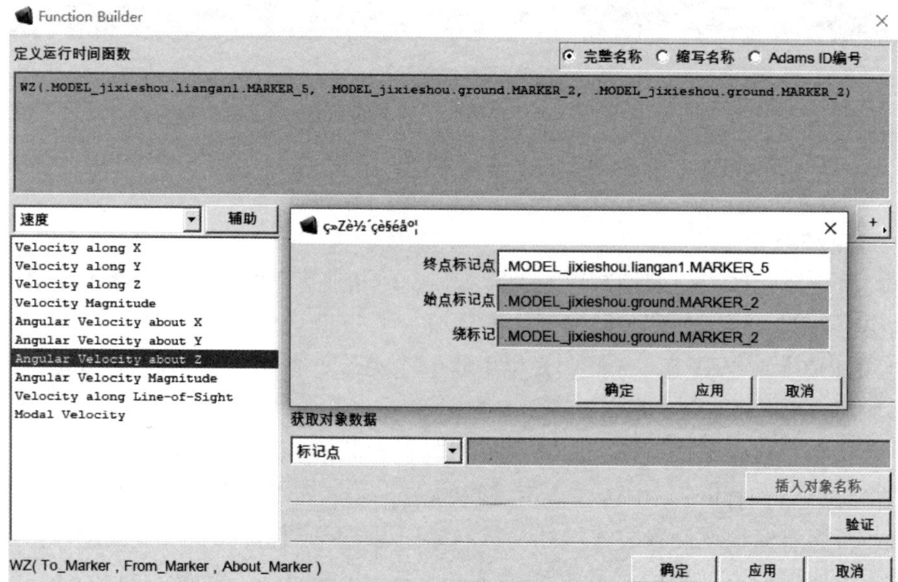

图 7.9 角速度函数设置

（3）添加力矩系统单元　选择单元栏里的创建状态变量，将名称设置成 torque1，如图 7.10 所示；在定义运行时间函数中选择对象力函数的 Joint Force，其中选择对应的运动副名称、主动杆约束力、力矩方向，参考标记点设置成大地，如图 7.11 所示。用同样的方法添加 torque2、torque3 变量。

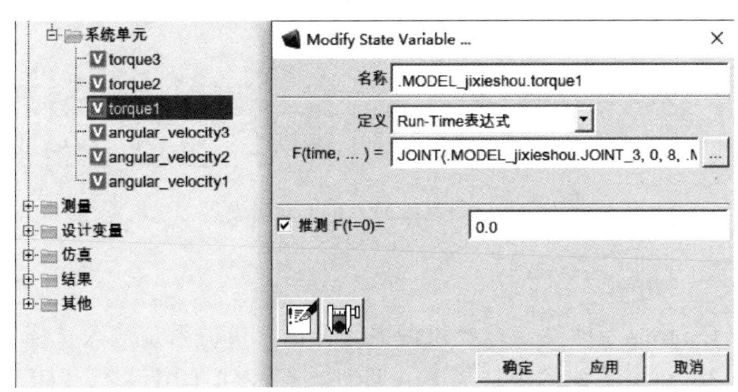

图 7.10　添加力矩系统单元

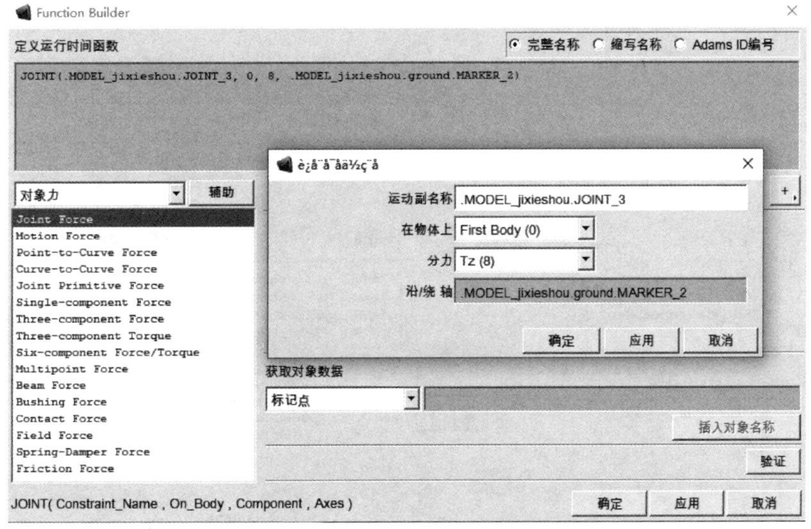

图 7.11　力矩函数设置

2. 添加数据单元

将角度系统单元作为数据单元的输入量，角速度系统单元、力矩系统单元作为数据单元的输出量。

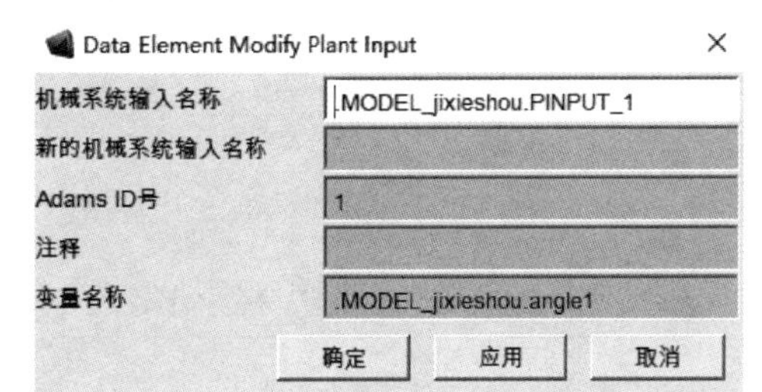

图 7.12　PINPUT_ 1 输入设置

选择单元栏里的创建系统输入量，如图 7.12 所示，将机械系统输入名称设置成 PINPUT_1，变量名称选择 angle1；用同样的方法添加输入量 PINPUT_2、PINPUT_3。

选择单元栏里的创建系统输出量，将机械系统输出名称设置成 POUTPUT_1，变量名称选择 angular_velocity1、torque1，如图 7.13 所示；用同样的方法添加输出量 POUTPUT_2、POUTPUT_3。

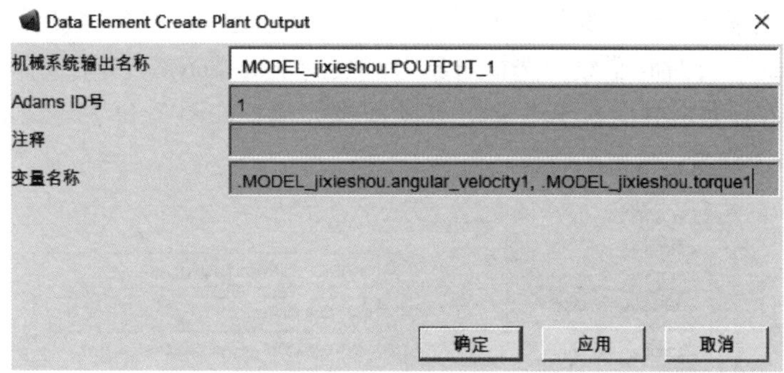

图 7.13　POUTPUT_1 输出设置

3. 机械系统模型导出

单击“Adams Controls”插件，选择机械系统导出。机械系统输入选择 PINPUT_1、PINPUT_2、PINPUT_3，机械系统输出选择 POUTPUT_1、POUTPUT_2、POUTPUT_3；再将目标软件设置为 MATLAB，Adams Solver 选项设置为 C++，如图 7.14 所示。

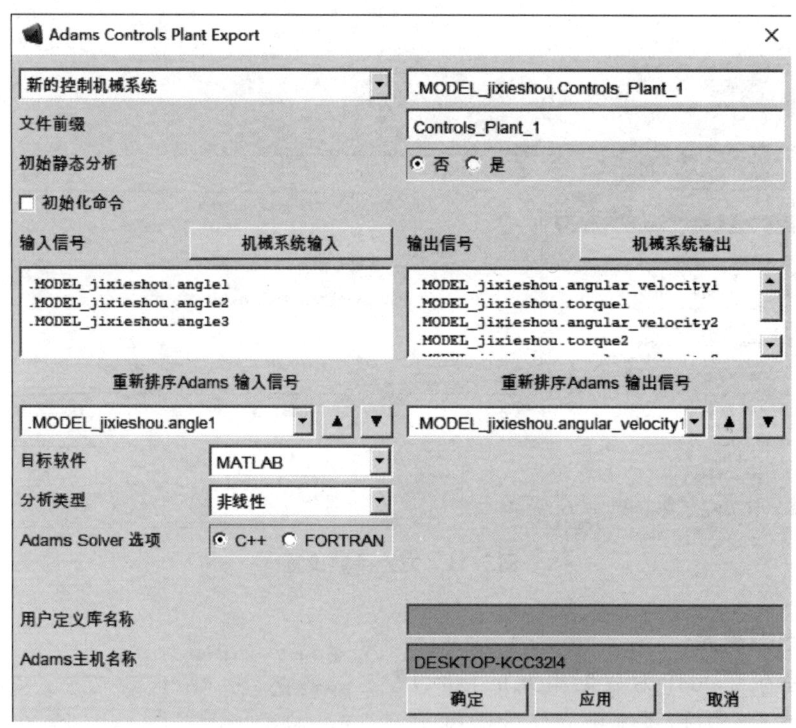

图 7.14　导出机械系统

7.1.5　MATLAB 中 Simulink 模型搭建及与 Adams 联合仿真

将 Adams 工作路径添加到 MATLAB 路径下，找到 Adams 导出的 .m 格式文件，单击“运行”按钮，如图 7.15 所示，即可导入 .m 格式文件。

在命令行窗口运行 adams_sys 指令，调出 Adams 的 Simulink 系统，如图 7.16 所示。adams_sub 模块就是仿真需要的机械系统模型。

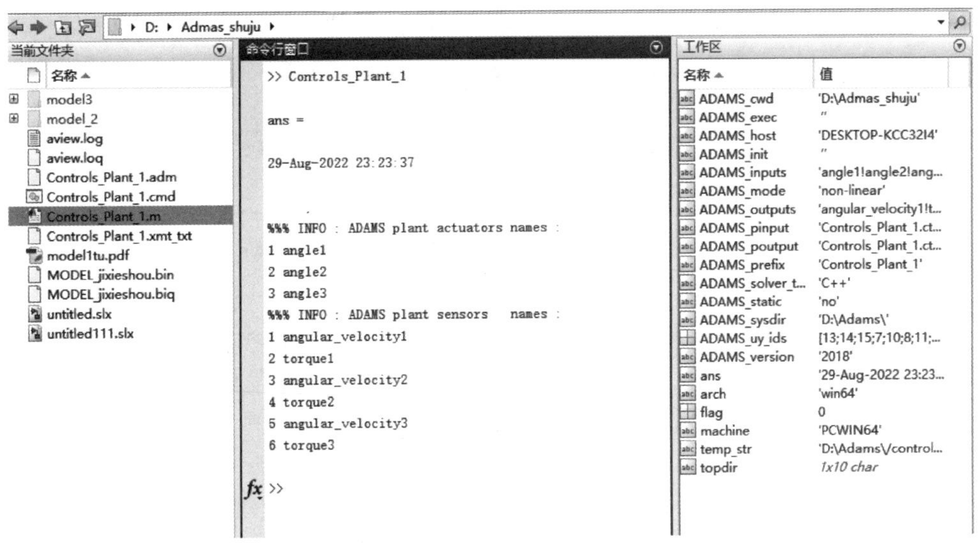

图 7.15　导入 .m 文件

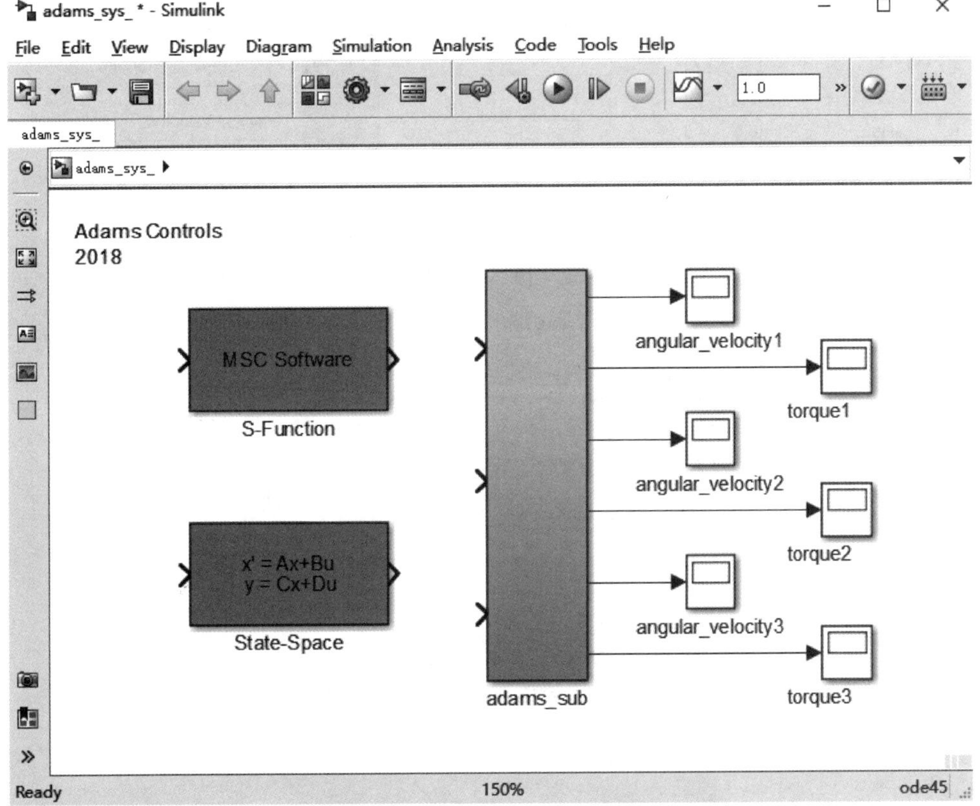

图 7.16　Adams 的 Simulink 系统界面

创建一个新的 Simulink 文件，并添加需要的模块进去，构建仿真系统，如图 7.17 所示。

修改 adams_sub 模块，双击 adams_sub 进入子模块，如图 7.18 所示，再双击“ADAMS Plant”模块进行参数修改，进入图 7.19 修改参数界面，将仿真动画模型设置成交互式，将步长设置为 0.02。

Step
Step1
Step2
adams_sub
angular_velocity1
torque1
angular_velocity2
torque2
angular_velocity3
torque3

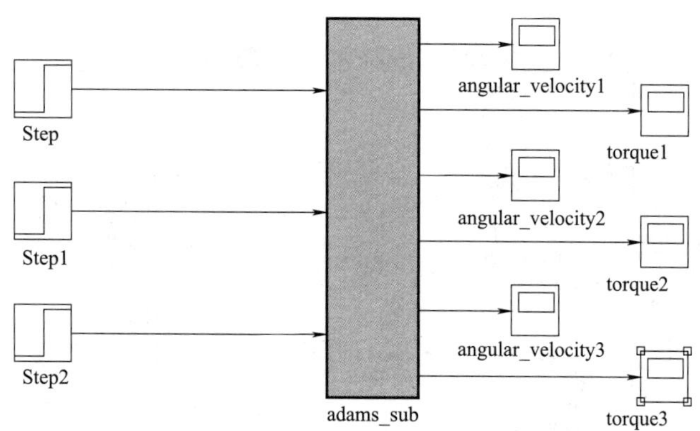

图 7.17　创建新的 Simulink 仿真模块

1
angle1
2
angle2
3
angle3
Mux
Mux
ADAMS_uout
U To Workspace
MSC Software
ADAMS Plant
ADAMS_yout
Y To Workspace
Clock
ADAMS_tout
T To Workspace
Demux
Demux
1
angular_velocity1
2
torque1
3
angular_velocity2
4
torque2
5
angular_velocity3
6
torque3

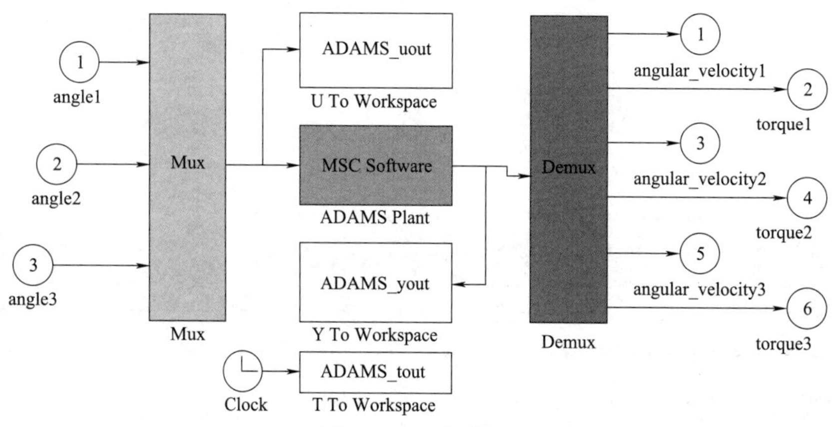

图 7.18　子模块图

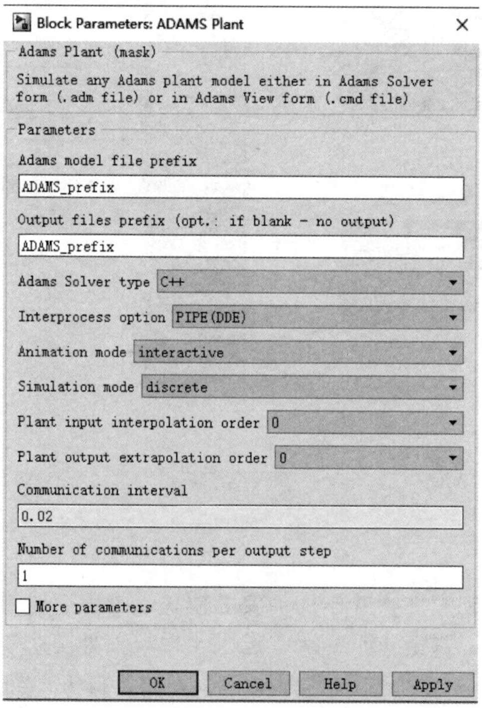

Block Parameters: ADAMS Plant
Adams Plant (mask)
Simulate any Adams plant model either in Adams Solver form (.adm file) or in Adams View form (.cmd file)
Parameters
Adams model file prefix
ADAMS_prefix
Output files prefix (opt.: if blank - no output)
ADAMS_prefix
Adams Solver type C++
Interprocess option PIPE(DDE)
Animation mode interactive
Simulation mode discrete
Plant input interpolation order 0
Plant output extrapolation order 0
Communication interval
0.02
Number of communications per output step
1
More parameters
OK
Cancel
Help
Apply

图 7.19　修改参数

单击“RUN”进行仿真，Adams 会被自动打开，可以看到仿真动画效果。仿真结束后，打开示波器查看仿真数据监控图像。图 7.20 是联合仿真动画截图（微信扫描右侧二维码可观看联合仿真过程视频），图 7.21 和图 7.22 分别是连杆 1 关节角速度图和关节力矩图。

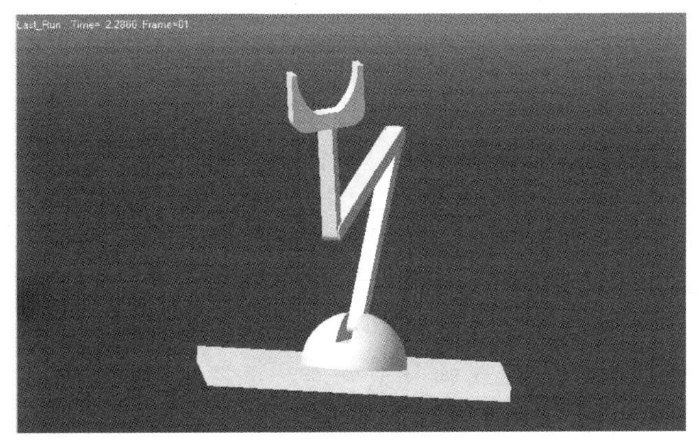

MATLAB 与Adams 的联合仿真过程

图 7.20 联合仿真动画截图

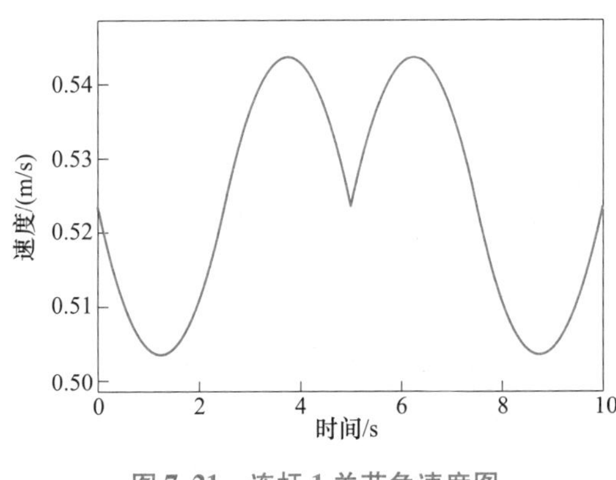

图 7.21 连杆 1 关节角速度图

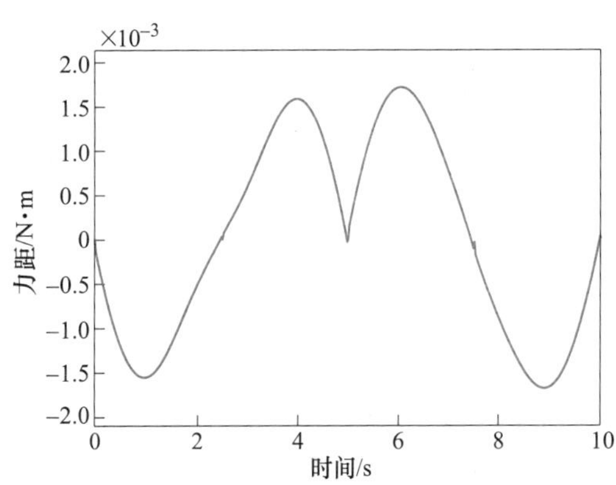

图 7.22 连杆 1 关节力矩图

7.1.6 结论

本案例通过 Adams 和 MATLAB 两个软件共同搭建了仿真平台，建立三连杆机械臂的虚拟样机系统模型，分析了该机械臂的机械结构，并实现了三连杆机械臂的实时控制和分析。回顾和总结前面所做的工作，我们可以得到如下主要结论：

1）通过 Parasolid 格式的转换，可以分别应用 Adams 和 SOLIDWORKS 这两种软件的优点联合建立机械系统的虚拟样机。可以应用 SOLIDWORKS 方便强大的三维建模与装配能力，然后运用 Adams 软件来进行运动学与动力学仿真分析。

2）三连杆机械臂的实时控制、分析是一个比较难的问题。本案例尝试利用 Adams 和 MATLAB 两个软件共同搭建了仿真平台，实现了三连杆机械臂的实时控制和分析。

3）目前对三连杆机械臂的动力学方面的研究还不深入，而通过搭建联合仿真平台，可以很深入地研究三连杆机械臂的运动，为机器人的控制问题提供了解决依据。通过动力学分析，也可得到系统的动力学相关数据。

7.2 基于 AMEsim 和 Adams 的单关节机器腿联合仿真

7.2.1 软件介绍

AMEsim2020 是一种基于物理模型建模的软件，提供大量专业的库文件，可以依靠强大的数值核心和高级后处理来执行详细分析，它能够从元件设计出发，可以考虑摩擦、油液、气体特性和环境温度等非常难以建模的部分，直到组成部件和系统进行功能性仿真和优化。它现有的应用库有：机械库、信号控制库、液压库（包括管道模型）、液压元件设计库（HCD）、动力传动库、液阻库、注油库（如润滑系统）、气动库（包括管道模型）、电磁库、电机及驱动库、冷却系统库、热库、热液压库（包括管道模型）、热气动库、热液压元件设计库（THCD）、二相库、空气调节系统库。作为在设计过程中的一个主要工具，AMESim 还具有与其他软件包丰富的接口，如 Simulink，Adams，Simpack，Flux2D，RTLab，ETAS，dSPACE，iSIGHT 等。

7.2.2 软件联合及相互接口

要进行机械腿摆动的运动仿真，首先必须具有其三维模型。故该联合仿真案例需要在 SOLIDWORKS 软件建立完成机械腿三维模型的基础上。利用 SOLIDWORKS 软件构建外骨骼的三维机械结构模型，并将 . SLDASM 类型文件另存为 Parasolid（ *. x_t）类型文件导入到 Adams 中，并在 Adams 中对虚拟样机进行处理操作，即根据所建立样机的实际材料和运动状态，为样机添加约束、材料特性和运动副等。

在 AMEsim 软件中通过 Microsoft Visual C++编译器仿真生成 . dll 格式文件，并将其作为外部求解器导入 Adams 中。在 Adams 中建立变量并存入对应数组，将其通过 GSE 方程与 AMEsim 中的仿真接口模块相关联，以此完成将 AMEsim 仿真的输出结果导入 Adams 的液压驱动机械腿的液压缸中，实现两者之间的联合运动仿真。图 7. 23 是 AMEsim 与 Adams 联合仿真框图。

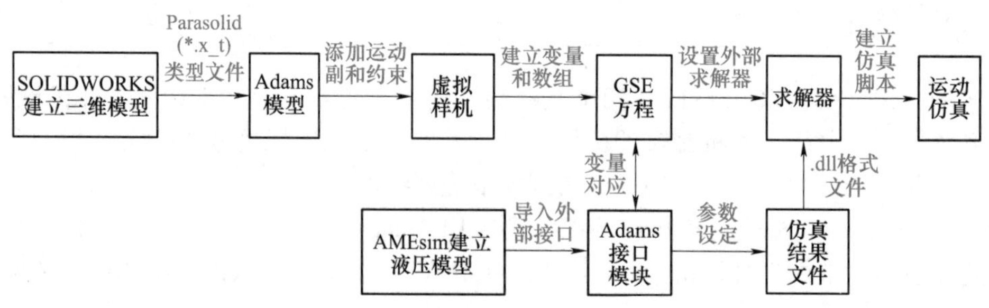

图 7. 23 AMEsim 与 Adams 联合仿真框图

7.2.3 机械腿三维模型建立

下肢助力外骨骼通过结合人体生物学和人体工程学相关理论知识，保证人体穿戴的协调性和舒适性。在驱动方式上，由于液压驱动具有工作平稳，易于实现过载保护等优点，因此采用液压杆带动机构进行运动的驱动方式。

下肢外骨骼机器人主要构成部分有髋关节、大腿杆、小腿杆、脚部和液压缸。通过分析人体各关节尺寸和运动自由度以及对应的运动范围，在 SOLIDWORKS 软件中对各部分零件进行三维建模。

装配完成的整体机械腿模型如图 7.24 所示。

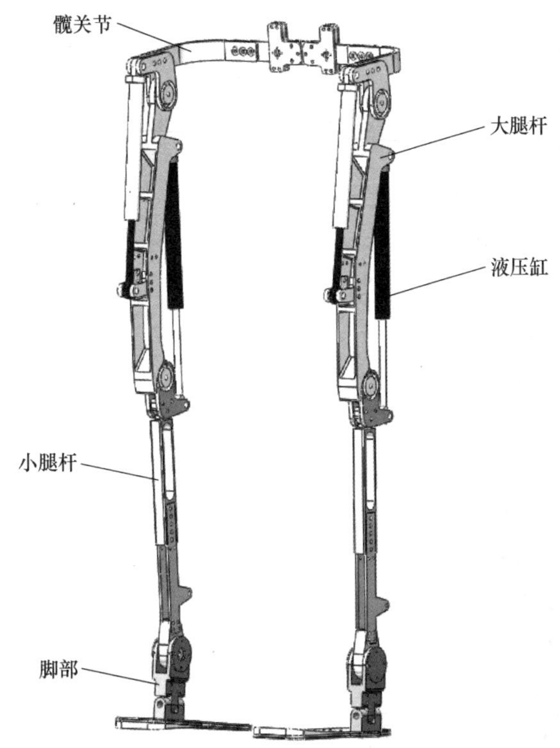

图 7.24　下肢外骨骼机械腿整体装配图

为了简化联合仿真模型并突出展现液压驱动的下肢外骨骼机械腿摆动运动仿真，在下文的联合仿真中仅对单腿膝关节进行单关节的联合仿真。

7.2.4　AMEsim 和 Adams 联合仿真环境搭建

1. AMEsim 和 Adams 联合仿真环境搭建

设置环境变量，新建系统变量见表 7.3。在 Visual Studio2010 安装目录下的…\ VC \ bin 文件夹里，将 nmake. exe、vcvars32. bat 和 vcvars64. bat 三个文件复制到 AMEsim 的安装目录下并替换原有文件，如图 7.25 所示。

表 7.3　系统环境变量

变 量 名	变 量 值
Adams_CONTROLS_WTIME	20
AME_Adams_HOME	Adams 的安装路径

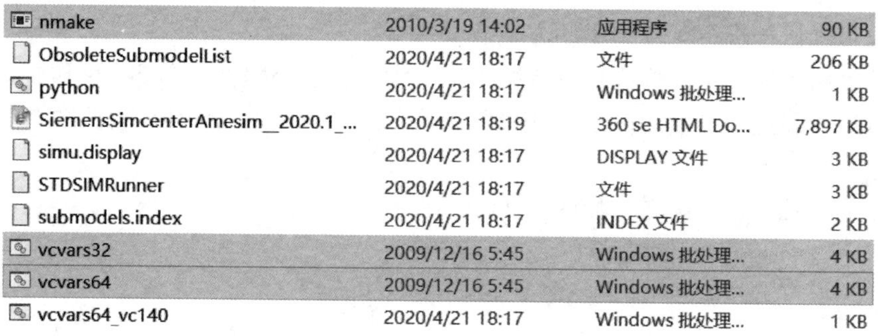

nmake 2010/3/19 14:02 应用程序 90 KB
ObsoleteSubmodelList 2020/4/21 18:17 文件 206 KB
python 2020/4/21 18:17 Windows 批处理... 1 KB
SiemensSimcenterAmesim_2020.1_... 2020/4/21 18:19 360 se HTML Do... 7,897 KB
simu.display 2020/4/21 18:17 DISPLAY 文件 3 KB
STDSIMRunner 2020/4/21 18:17 文件 3 KB
submodels.index 2020/4/21 18:17 INDEX 文件 2 KB
vcvars32 2009/12/16 5:45 Windows 批处理... 4 KB
vcvars64 2009/12/16 5:45 Windows 批处理... 4 KB
vcvars64_vc140 2020/4/21 18:17 Windows 批处理... 1 KB

图 7.25　替换文件夹文件

选择软件编译器为 Microsoft Visual C++（图 7.26）。在 AMEsim 中建立联合仿真接口。单击“interfaces”并选择“create interfaces block”，设置参数如图 7.27 所示。

Preferences
General
Drawing
Compilation
Simulation
Parallel process…
Post processing
Model manage…
Modelica
Model Compilation
Compile for the legacy simulator
Automatic window close on successful compilation
Automatically add missing libraries in path list
Debug by default
Active compiler:
Microsoft Visual C++ 2010 to 2013 (64-bit)
Encrypted Supercomponents
Use old encryption mechanism
Compiler Settings...
Information
Help
Restore defaults
OK
Cancel
Apply

图 7.26　编译器设置

Interface Icon Creation
Common
Number of inputs:
Type of interface:
Number of outputs:
1
AdamsCosim
2
1 var_force
var_displacement 2
var_angle 1
Clear all text
Auto-set names
Load setup...
Help
OK
Cancel

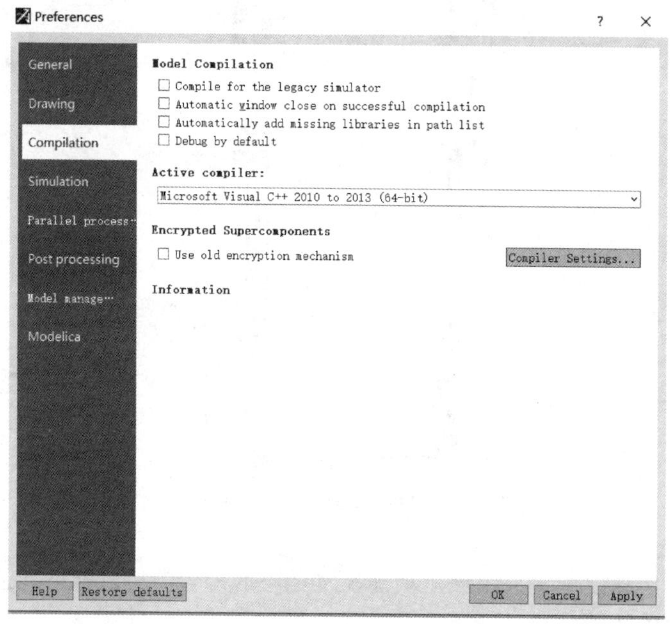

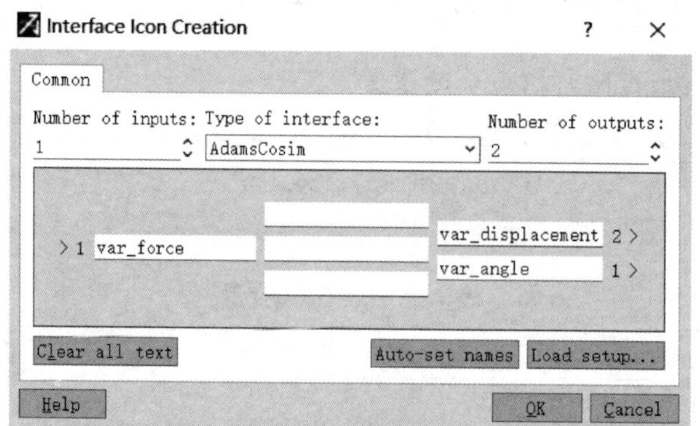

图 7.27　接口设置

2. 建立 AMEsim 和 Adams 联合仿真模型

建立液压系统 AMEsim 驱动模型如图 7.28 所示。并设置参数：液压缸外径为 25mm；活塞杆直径为 10mm；仿真中用油源代替油箱、泵和溢流阀，根据实际数据设置油源压力为 50bar（$1bar=10^5Pa$）；AMEsim 中设置液压阀最大开口流量为 20L/min，额定电流为 30mA，频率为 80Hz。

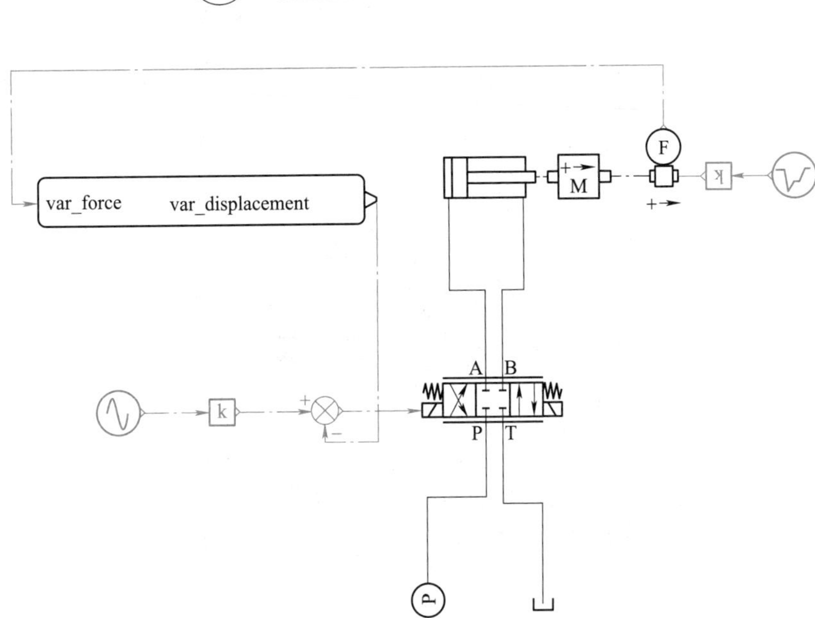

图 7.28　AMEsim 驱动模型

设定仿真参数 finaltime = 10s，print interval = 0.1s，进行仿真计算，并得到 .dll 格式的文件，供后期在 Adams 中进行联合仿真，如图 7.29 所示。在进行 Adams 仿真过程中不能关闭 AMEsim 仿真过程，否则 .dll 格式文件就会消失无法进行联合仿真。

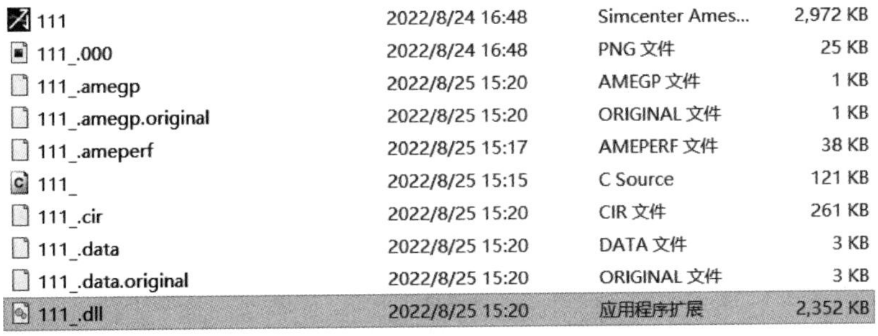

111	2022/8/24 16:48	Simcenter Ames...	2,972 KB
111_.000	2022/8/24 16:48	PNG 文件	25 KB
111_.amegp	2022/8/25 15:20	AMEGP 文件	1 KB
111_.amegp.original	2022/8/25 15:20	ORIGINAL 文件	1 KB
111_.ameperf	2022/8/25 15:17	AMEPERF 文件	38 KB
111_	2022/8/25 15:15	C Source	121 KB
111_.cir	2022/8/25 15:20	CIR 文件	261 KB
111_.data	2022/8/25 15:20	DATA 文件	3 KB
111_.data.original	2022/8/25 15:20	ORIGINAL 文件	3 KB
111_.dll	2022/8/25 15:20	应用程序扩展	2,352 KB

图 7.29　AMEsim 仿真结果文件

在 Adams 中导入模型并进行运动副和液压缸驱动力添加，如图 7.30 所示建立变量。在 Adams 软件的“Elements”中单击“Createa State Variable defined by Algebraic Equation”，分

别建立两个变量 var_force、var_displacement，设定参数如图 7.31 所示，并分别单击“Measure”建立曲线图观测。

MARKER_25
MARKER_26
MARKER_27
MARKER_3
MARKER_4
zuo4.MARKER_36
ihuai.cm
MARKER_6
MARKER_5
zuoxie.cm

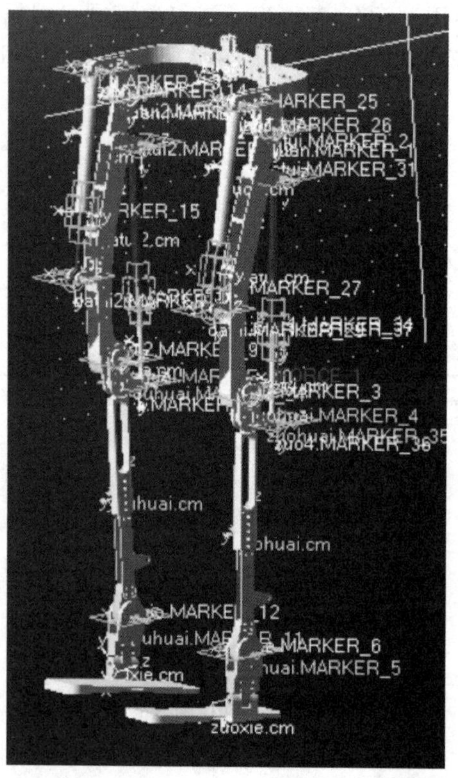

图 7.30　Adams 模型导入

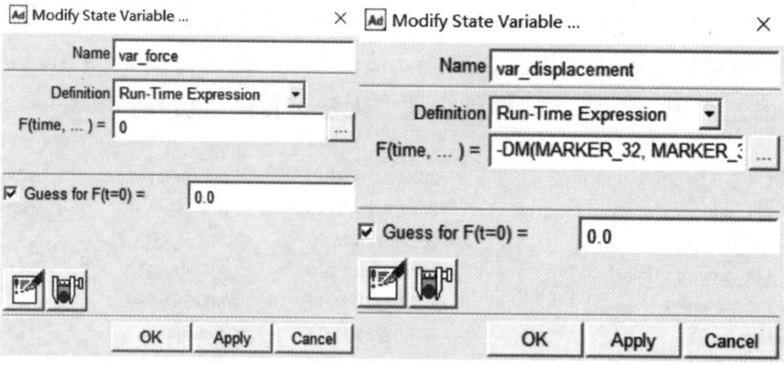

Modify State Variable ...
Name
var_force
Definition
Run-Time Expression
F(time, ...) =
0
Guess for F(t=0) =
0.0
OK
Apply
Cancel
Modify State Variable ...
Name
var_displacement
Definition
Run-Time Expression
F(time, ...) =
-DM(MARKER_32, MARKER_
Guess for F(t=0) =
0.0
OK
Apply
Cancel

图 7.31　变量设定参数

针对三个变量分别设置三个数组进行数据存储，数组设定参数如图 7.32 所示。建立 GSE 方程，在 Adams 中单击“Create a General State Equation”，设定如图 7.33 所示参数。其中 U Array（Inputs）、Y Array（Outputs）和 X Array（Discrete）分别为上一步设置的数组，User Function Parameters 分别为 U Array（Inputs）、Y Array（Outputs）和 X Array（Discrete）数组的编号 ID。

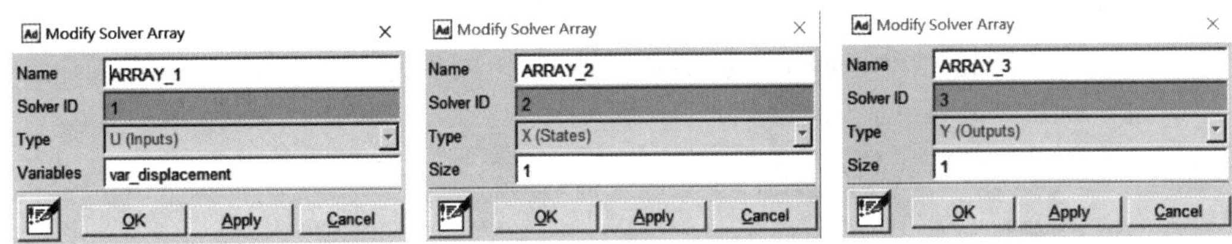

图 7.32　数组设定参数

3. 设置求解器

首先单击“Settings”，在下拉菜单中选择“Solver”，单击“Display”，打开“Solver Settings”界面。选择“Show Messages”选项为“Yes”，以便观察仿真结果，如图 7.34 所示。Adams 文件路径设置如图 7.35 所示。

在 Adams 中单击“File→Select Directory”选择联合仿真文件夹为路径，如图 7.35 所示。

4. 建立 AMEsim 和 Adams 仿真脚本

仿真脚本通过单击“Simulation 中的 Creat a new Simulation Script”打开“Create Simulation Script”界面，在其中修改“Script Type”为“Adams Solver Commands”。在界面的“Script Type”中选择模式为“Adams Solver Commands”，并在下方命令框中手动添加“STOP”命令，给仿真过程添加结束符，如图 7.36 所示。

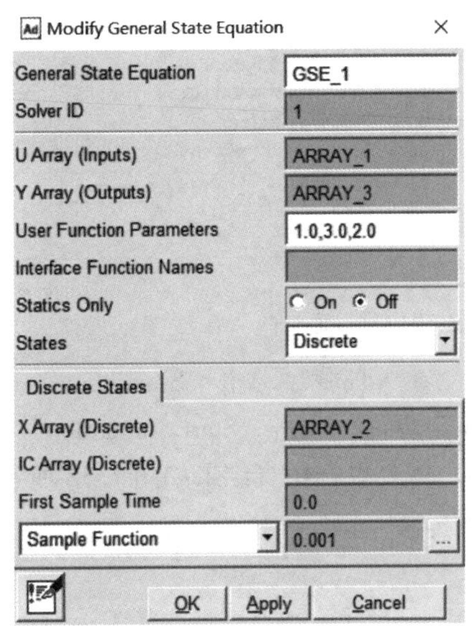

图 7.33　GSE 参数设定

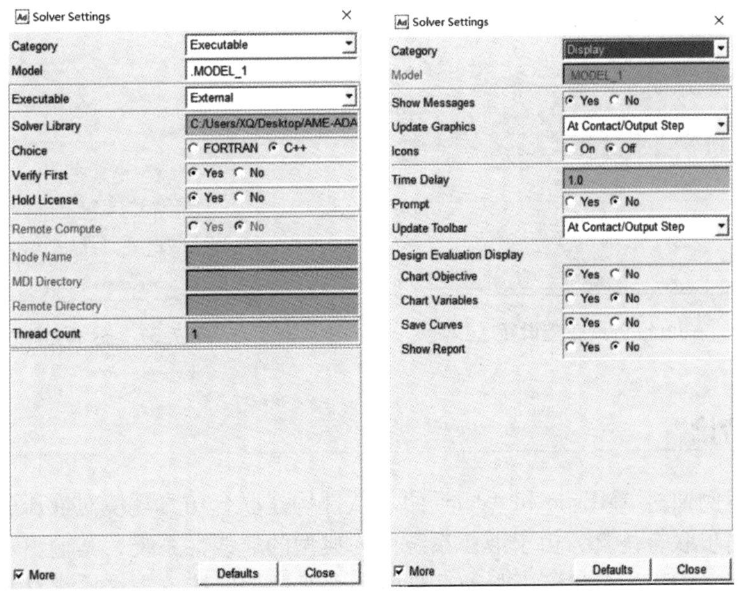

图 7.34　求解器设置

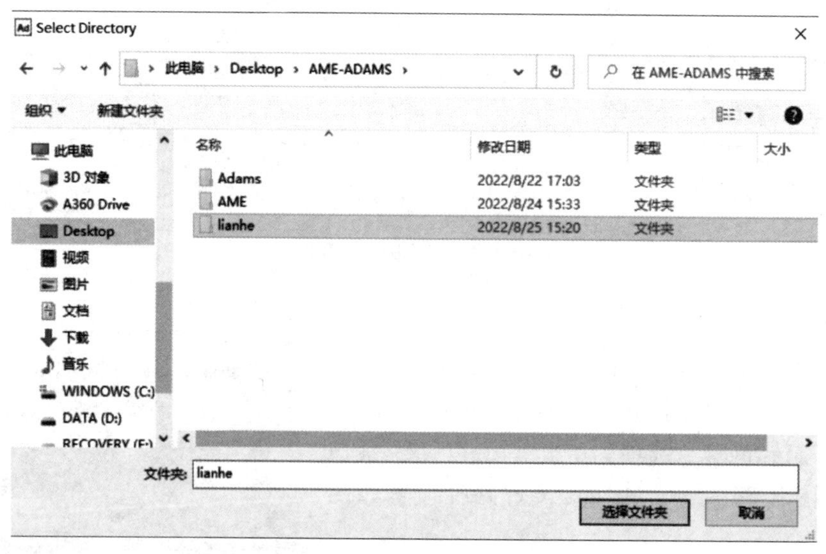

图 7.35 Adams 文件路径设置

在 Adams 中单击“Simulation”选择“Run a Scripted Simulation”打开“Simulation Control”界面，单击“Start Simulation”按钮，如图 7.37 所示，开始对建立的脚本文件进行仿真。得到联合仿真结果如图 7.38 所示。(微信扫描图中二维码可观看联合仿真过程视频)

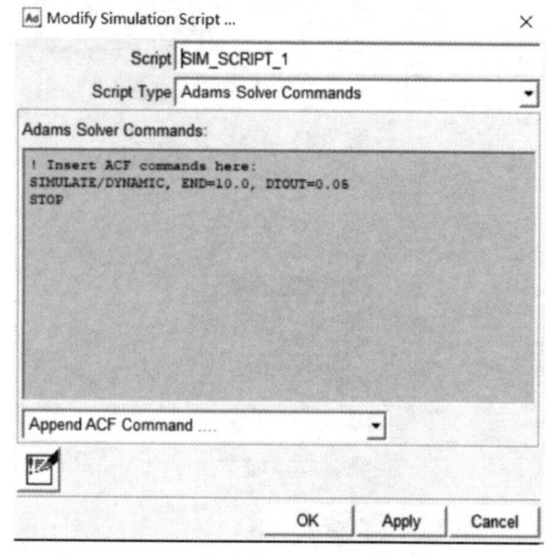

图 7.36 Adams 仿真参数设定

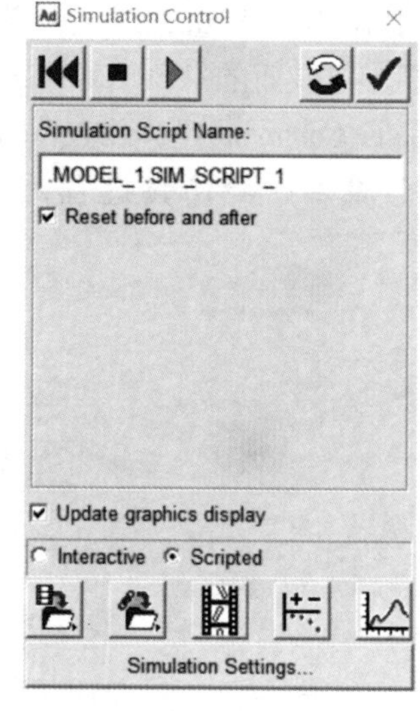

图 7.37 脚本文件仿真

7.2.5 结论

结论：本案例通过 AMEsim 和 Adams 两款软件构建联合仿真环境对液压驱动的外骨骼机械腿摆动进行同步联合仿真，由于液压系统作为典型的非线性系统，其输出难以构建准确的驱动函数，利用 AMEsim 搭建液压驱动系统模型并通过软件接口直接输出结果，导入 Adams 软件中作为机构的动力输入，实现机械腿转动关节的动力学仿真。通过回顾和总结所做工

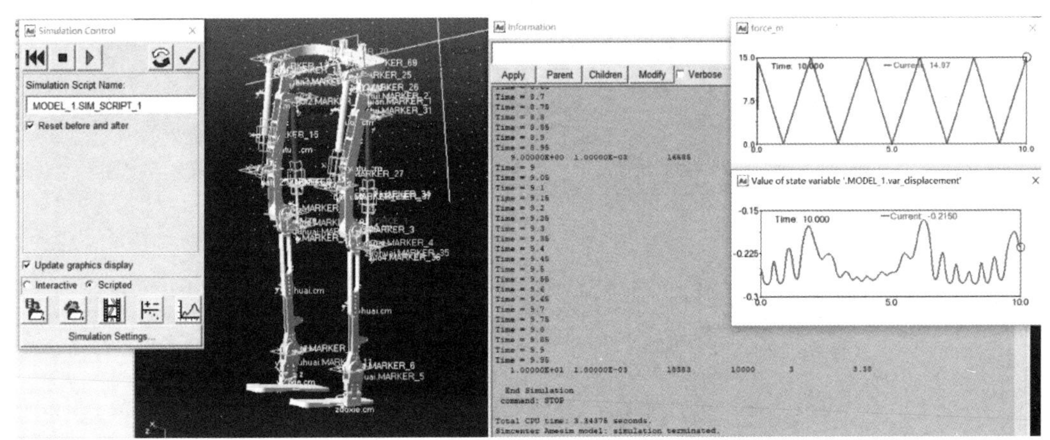

图 7.38　联合仿真结果

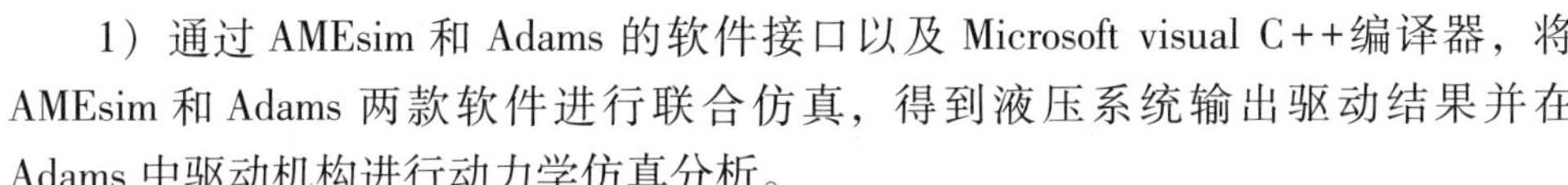

作，可以得到如下结论：

1）通过 AMEsim 和 Adams 的软件接口以及 Microsoft visual C++编译器，将 AMEsim 和 Adams 两款软件进行联合仿真，得到液压系统输出驱动结果并在 Adams 中驱动机构进行动力学仿真分析。

AMEsim与Adams的联合仿真过程

2）液压系统作为典型的非线性系统，其输出结果难以用函数进行准确表达。通过 AMEsim 和 Adams 的联合仿真，准确地将液压系统输出驱动进行导入，实现了准确的运动仿真分析。

3）两款软件的联合仿真并通过 Adams 将运动结果具象化地进行展现，验证了液压驱动系统设计的可行性。

7.3　基于 V-REP 与 MATLAB 的机械臂联合仿真

7.3.1　软件介绍

Virtual Robot Experimentation Platform，简称 V-REP，是全球领先的机器人及模拟自动化软件平台。在 V-REP 平台下，可以根据实际应用搭建相应的场景模型，并且可以添加各种传感器，通过脚本语言对其进行程序代码的编写，从而模拟机器人系统的各项使用功能。该软件具有 4 种物理引擎（ODE，Bullet，Vortex，Newton），支持 Windows、Linux、Mac OS 3 种操作系统，支持 6 种编程方法和 7 种编程语言（C/C++、Python、Java、Lua、MATLAB、Octave 和 Urbi）。控制 V-REP 里面的模型仿真方法之一是通过一个外部的客户端编写代码来控制，之前的通信依赖于远程的 API 接口文件，远程 API 函数依赖于远程 API 插件（服务器端）和客户端上的远程 API 代码。

V-REP 这款多功能的机器人仿真器可以快速建立机器人仿真的三维环境，并可以通过给定的接口与 MATLAB 相连接，利用 MATLAB 的高效数据处理能力处理好数据并传输给 V-REP 来进行仿真。

基于前面各个章节的内容，利用 MATLAB 与 V-REP 进行联合仿真，联合仿真框图如图 7.39 所示。

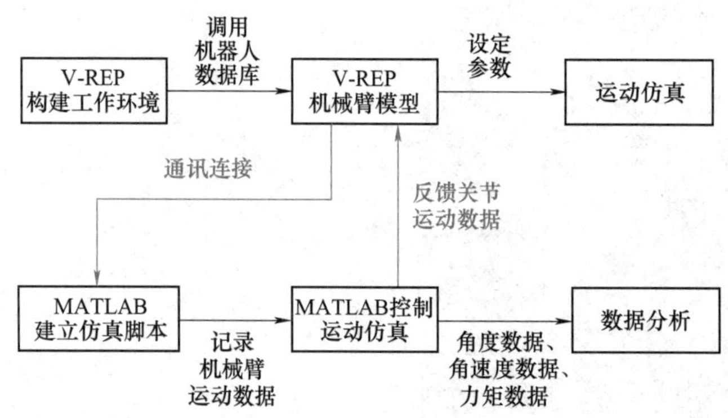

图 7.39 MATLAB 和 V-REP 联合仿真框图

本节希望建立一种通用的建模及轨迹规划的方法，由于 MALTAB 的通用性及 V-REP 的开源性，使得研究者不需要很强的编程功底就可以容易上手，因此采用了上述联合仿真方法进行仿真控制，这样将对机器人的研究提供了一种比较方便的可行性方案。

为了实现 MATLAB 与 V-REP 的通信连接，需要在 V-REP 的控制脚本中为机器人编写控制代码。V-REP 的控制脚本分为线程脚本和非线程脚本两种，线程脚本在运动模拟时能够从通信接口不断接收外部指令进行运动，这里使用线程脚本以便 V-REP 能不断接收 MATLAB 控制程序发出的控制指令。V-REP 中的机器人控制模型和 MATLAB 控制程序之间需要可靠的数据通信服务。通信体系选择常见的客户端-服务器模式，以 V-REP 为客户端，MATLAB 控制程序为服务器端，具体的过程可以参考 V-REP 中的帮助文件。仿真开始时，先单击 V-REP 中的“仿真”按钮，然后在 MATLAB 中运行控制程序，V-REP 就会接收 MATLAB 传递过来的相关指令进行仿真运动。

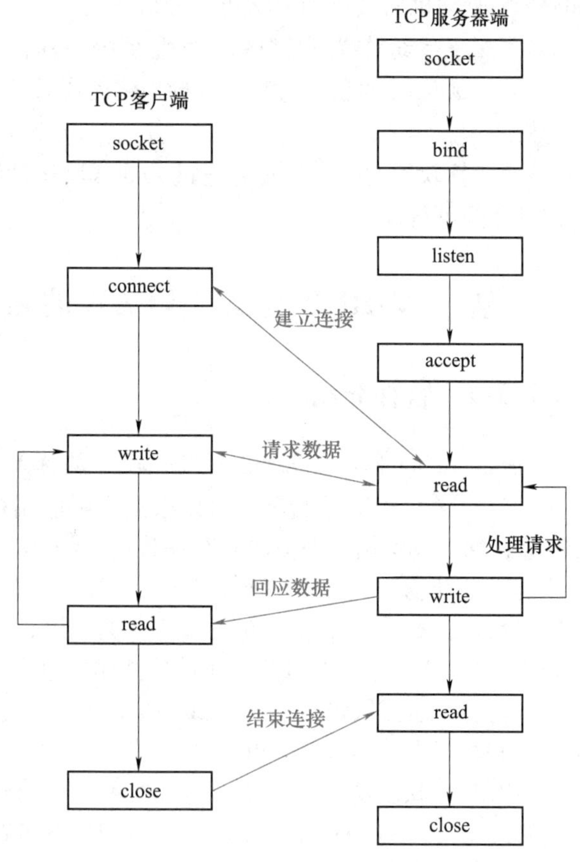

图 7.40 Socket 通信流程图

MATLAB 和 V-REP 是通过 Socket 通信互相传递数据，Socket 通信可以减少延时。在两者的通信过程中 MATLAB 作为服务器端，MATLAB 首先要初始化 Socket，然后还需要绑定相应的端口，与 V-REP 客户端连接之前都需要同时监听和调用阻塞以保证可以及时地响应 V-REP 客户端发来的命令。V-REP 同样需要先初始化 Socket，然后与 MATLAB 服务器相连接，与MATLAB服务器连接成功后就可以进行相应的通信和数据传递。V-REP客户端向MATLAB服务器端发送相应的命令，MATLAB服务器端收到相应的命名随即进行处理，处理完毕后把需要回应的相关信息发送给V-REP客户端，V-REP客户端读取MATLAB返回的信息，最后关闭连接，一次交互便结束，其相关关系如图7.40所示。

7.3.2　V-REP机械臂建模

打开V-REP后，软件会直接新建场景，从左侧模型中可以直接选择iiwa14机械臂，拖动至场景内，如图7.41所示。

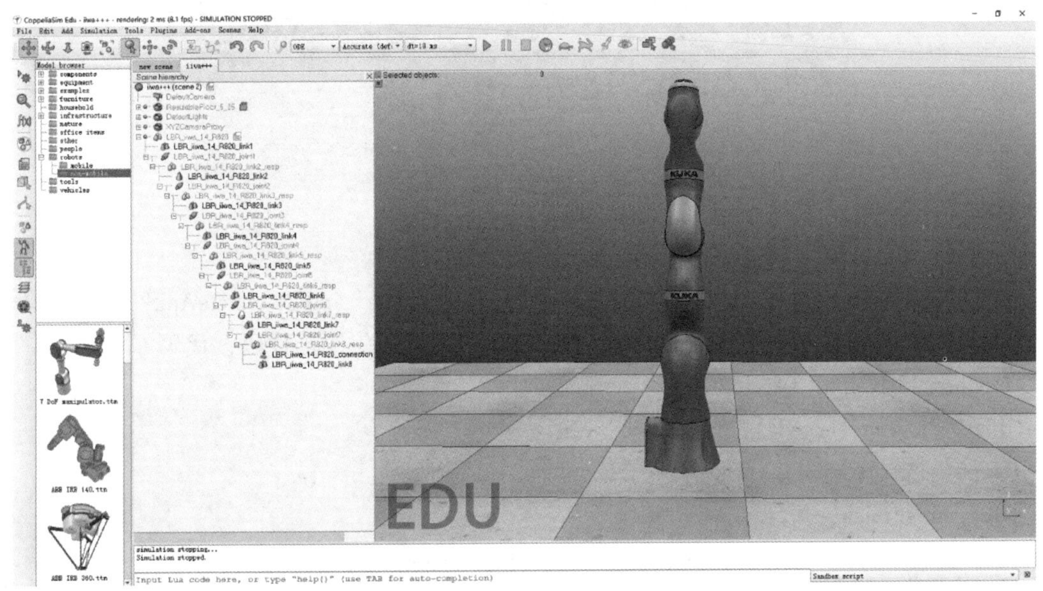

图7.41　iiwa14机械臂

选择物理引擎为ODE，物理引擎设置为Accurate（default），仿真时间步长设置为dt = 10ms。

修改机械臂运动脚本代码。为更好地进行仿真分析，固定机械臂的关节1、关节3、关节5和关节7（设定其关节运动角度为0°即可）。打开LBR_iiwa_14_R820机械臂的子脚本文件，在函数开头添加通信连接代码：simExtRemoteApiStart（19999）；按仿真要求对机械臂运动角度进行修改。图7.42所示为机械臂运动截图。

7.3.3　V-REP、MATLAB联合仿真

1. 建立MATLAB和V-REP通信连接

在MATLAB路径文件夹中创建一个新文件夹，命名为vrep，用于存放需要和V-REP互动的.m格式文件。将V-REP中V-REP_PRO_EDU \ programming \ remoteApiBindings \ MATLAB \ MATLAB路径下的所有文件复制到新创建的vrep文件夹内；再将V-REP_PRO_EDU \ programming \ remoteApiBindings \ lib \ lib \ 64Bit路径下所有文件也复制到新创建的vrep文件内。其中包括此次仿真需要的remApi、remoteApi.dll、remoteApiProto文件。

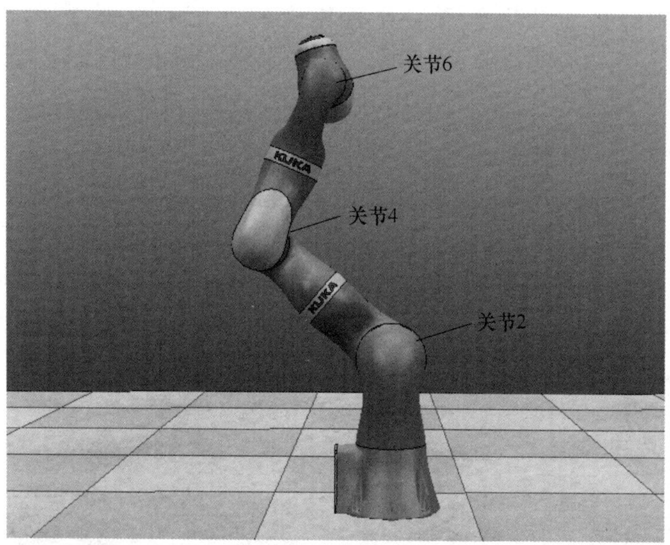

图 7.42　机械臂运动截图

在 V-REP 机械臂模型的父脚本文件中添加通信代码：simExtRemoteApiStart（19999）；然后在 V-REP 运行机械臂模型，同时在 MATLAB 中运行通信连接代码，代码如下。

```
function LBR_iiwa_14_R820()
disp('Program started');
vrep=remApi('remoteApi');
vrep.simxFinish(-1);
LBR_iiwa_14_R820=vrep.simxStart('127.0.0.1',19999,true,true,5000,5);
if (LBR_iiwa_14_R820>-1)
disp('Connected to remote API server');
else
disp('Failed connecting to remote API server&apos');
end
vrep.delete();
disp('Program ended')
end
```

此时，MATLAB 命令行出现“Connected to remote API server”即成功建立 V-REP 和 MATLAB 的通信连接。

该通信连接代码主要功能是通过 MATLAB 服务器端读取文本文档里的转角信息，然后利用远程 API 接口将这些转角信息传递给 V-REP 客户端来控制 V-REP 中的机器人进行运动仿真。其中，V-REP = remApi（remoteApi"）是调用 remApi 模型来构建对象并加载库函数；V-REP. simxFinish（-1）是在这种情况下，会关闭所有打开的连接程序；LBR_iiwa_14_R820 = vrep. simxStart（'127.0.0.1'，19999，true，true，5000，5）是建立相应的端口号。

2. 在 MATLAB 读取 V-REP 的机械臂运动数据

在 MATLAB 中编写好读取关节数据的函数代码，先在 V-REP 中单击“开始仿真”，同时运行 MATLAB 中的函数代码。MATLAB 与 V-REP 建立 API 通信连接后，MATLAB 开始读取 V-REP 返回的关节角度、关节速度和关节力矩数据，并保存到对应的 . txt 文件内。关节数据读取结束后，MATLAB 命令行出现 Program ended，即在 V-REP 单击“停止仿真”，仿真结束。图 7. 43 所示为在 MATLAB 读取 V-REP 的机械臂运动仿真界面。

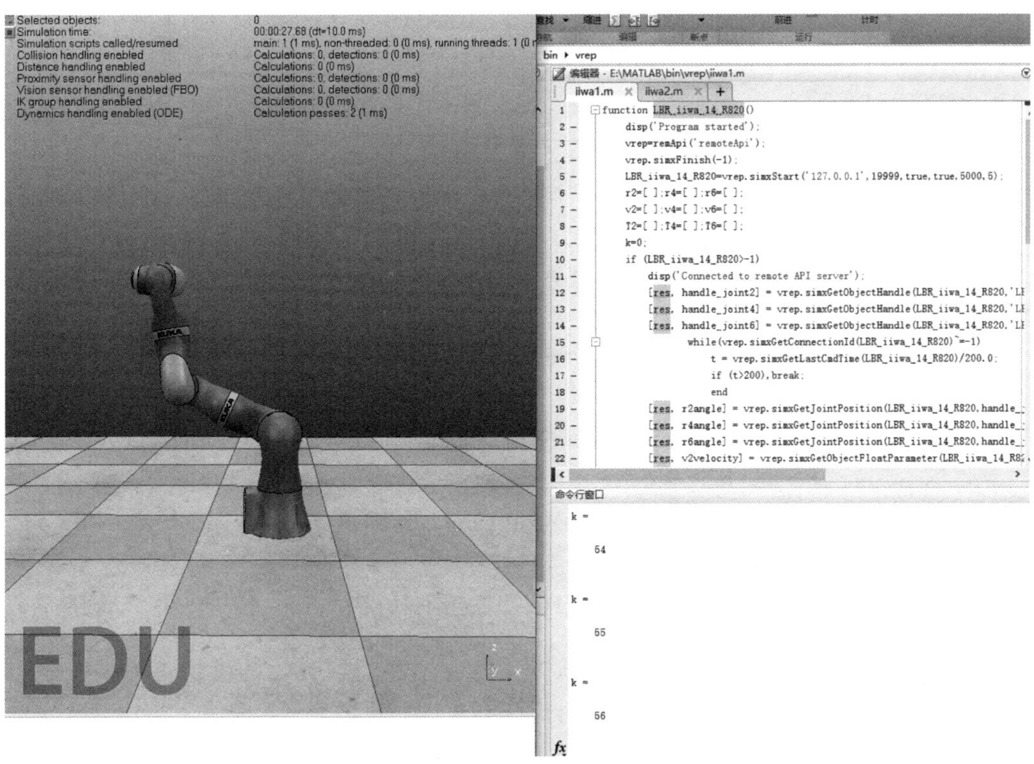

图 7. 43 MATLAB 读取数据的仿真界面

MATLAB 读取 V-REP 中机械臂运动数据的函数代码如下：

```
%MATLAB 读取关节数据代码
function LBR_iiwa_14_R820()
disp('Program started');
vrep=remApi('remoteApi');
vrep.simxFinish(-1);
LBR_iiwa_14_R820=vrep.simxStart('127.0.0.1',19999,true,true,5000,5);
r2=[ ];r4=[ ];r6=[ ];
v2=[ ];v4=[ ];v6=[ ];
T2=[ ];T4=[ ];T6=[ ];
k=0;
if (LBR_iiwa_14_R820>-1)
disp('Connected to remote API server');
```

```
[res, handle_joint2] =vrep.simxGetObjectHandle(LBR_iiwa_14_R820,'LBR_iiwa_14_R820_joint2',vrep.simx_opmode_oneshot_wait);
[res, handle_joint4] =vrep.simxGetObjectHandle(LBR_iiwa_14_R820,'LBR_iiwa_14_R820_joint4',vrep.simx_opmode_oneshot_wait);
[res, handle_joint6] =vrep.simxGetObjectHandle(LBR_iiwa_14_R820,'LBR_iiwa_14_R820_joint6',vrep.simx_opmode_oneshot_wait);
while(vrep.simxGetConnectionId(LBR_iiwa_14_R820)~=-1)
t =vrep.simxGetLastCmdTime(LBR_iiwa_14_R820)/200.0;
if (t>200),break;
end
[res, r2angle] =vrep.simxGetJointPosition(LBR_iiwa_14_R820,handle_joint2,vrep.simx_opmode_oneshot_wait);
[res, r4angle] =vrep.simxGetJointPosition(LBR_iiwa_14_R820,handle_joint4,vrep.simx_opmode_oneshot_wait);
[res, r6angle] =vrep.simxGetJointPosition(LBR_iiwa_14_R820,handle_joint6,vrep.simx_opmode_oneshot_wait);
[res, v2velocity] =vrep.simxGetObjectFloatParameter(LBR_iiwa_14_R820,handle_joint2,2012,vrep.simx_opmode_oneshot_wait);
[res, v4velocity] =vrep.simxGetObjectFloatParameter(LBR_iiwa_14_R820,handle_joint4,2012,vrep.simx_opmode_oneshot_wait);
[res, v6velocity] =vrep.simxGetObjectFloatParameter(LBR_iiwa_14_R820,handle_joint6,2012,vrep.simx_opmode_oneshot_wait);
[res, T2torque] =vrep.simxGetJointForce(LBR_iiwa_14_R820,handle_joint2,vrep.simx_opmode_oneshot_wait);
[res, T4torque] =vrep.simxGetJointForce(LBR_iiwa_14_R820,handle_joint4,vrep.simx_opmode_oneshot_wait);
[res, T6torque] =vrep.simxGetJointForce(LBR_iiwa_14_R820,handle_joint6,vrep.simx_opmode_oneshot_wait);
r2 = [r2 r2angle]; r4 = [r4 r4angle]; r6 = [r6 r6angle];
v2 = [v2 v2velocity]; v4 = [v4 v4velocity]; v6 = [v6 v6velocity];
T2 = [T2 T2torque]; T4 = [T4 T4torque]; T6 = [T6 T6torque];
k=k+1
end
r = [r2' r4' r6']; v = [v2' v4' v6']; T = [T2' T4' T6'];
fid1=fopen('r.txt', 'wt');
fid2=fopen('v.txt', 'wt');
fid3=fopen('T.txt', 'wt');
[m,n] = size(r);
for i=1:1:m
```

```
for j=1:1:n
if j==n
fprintf (fid1,'%g\n',r(i,j));
fprintf (fid2,'%g\n',v(i,j));
fprintf (fid3,'%g\n',T(i,j));
else
fprintf (fid1,'%g\t',r(i,j));
fprintf (fid2,'%g\t',v(i,j));
fprintf (fid3,'%g\t',T(i,j));
end
end
end
fclose(fid1); fclose(fid2); fclose(fid3);
vrep.simxGetPingTime(LBR_iiwa_14_R820);
vrep.simxFinish(LBR_iiwa_14_R820);
else
disp('Failed connecting to remote API server');
end
vrep.delete();
disp('Program ended');
end
```

3. 给定关节角由 MATLAB 控制 V-REP 的机械臂运动

利用之前读取的关节角度数据，通过 MATLAB 控制 V-REP 的机械臂运动。在 MATLAB 中编写好控制运动的函数代码；然后在 V-REP 中创建一个新场景，添加一个 LBR_iiwa_14_R820 机械臂，删除机械臂子脚本文件内自带的运动函数代码，输入通信连接代码 simExtRemoteApiStart（19999）。先在 V-REP 中单击“开始仿真”，同时运行 MATLAB 的控制运动代码。V-REP 与 MATLAB 建立 API 通信连接后，MATLAB 开始控制 V-REP 的机械臂运动。机械臂运动结束后，MTALAB 命令行出现 Programended，即在 V-REP 单击“停止仿真”，仿真结束。图 7.44 所示为仿真界面。

基于 MATLAB 控制 V-REP 中机械臂运动的代码如下：

```
%MATLAB 控制运动代码
function LBR_iiwa_14_R820Test()
    clear;
clc;
disp('Program started');
vrep=remApi('remoteApi');
vrep.simxFinish(-1);
LBR_iiwa_14_R820=vrep.simxStart('127.0.0.1',19999,true,true,5000,5);
```

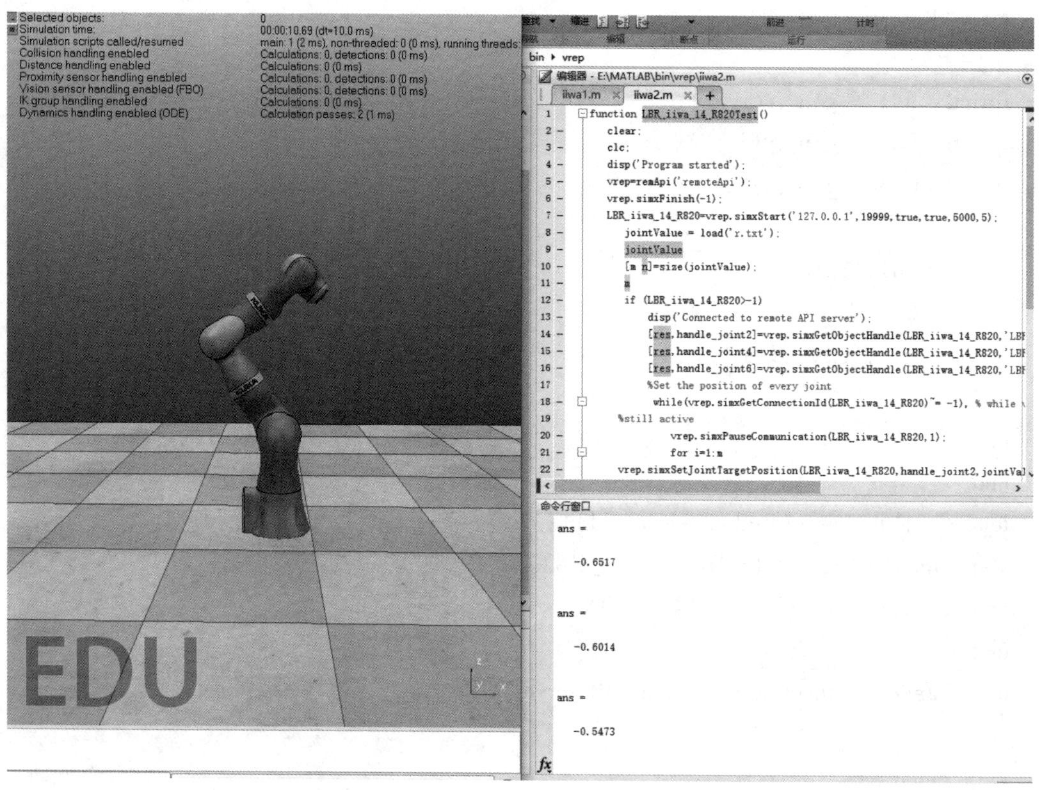

图 7.44　MATLAB 控制运动的仿真界面

jointValue = load('r.txt');

jointValue

[m n] =size(jointValue);

m

if (LBR_iiwa_14_R820>-1)

disp('Connected to remote API server');

[res,handle_joint2] =vrep.simxGetObjectHandle(LBR_iiwa_14_R820,'LBR_iiwa_14_R820_joint2',vrep.simx_opmode_oneshot_wait);

[res,handle_joint4] =vrep.simxGetObjectHandle(LBR_iiwa_14_R820,'LBR_iiwa_14_R820_joint4',vrep.simx_opmode_oneshot_wait);

[res,handle_joint6] =vrep.simxGetObjectHandle(LBR_iiwa_14_R820,'LBR_iiwa_14_R820_joint6',vrep.simx_opmode_oneshot_wait);

while(vrep.simxGetConnectionId(LBR_iiwa_14_R820) ~= -1),

vrep.simxPauseCommunication(LBR_iiwa_14_R820,1);

for i=1:m

vrep.simxSetJointTargetPosition(LBR_iiwa_14_R820, handle_joint2, jointValue(i, 1), vrep.simx_opmode_oneshot);

```
jointValue(i,1)
vrep.simxSetJointTargetPosition(LBR_iiwa_14_R820,handle_joint4,jointValue(i,2),vrep.simx_opmode_oneshot);
vrep.simxSetJointTargetPosition(LBR_iiwa_14_R820,handle_joint6,jointValue(i,3),vrep.simx_opmode_oneshot);
vrep.simxPauseCommunication(LBR_iiwa_14_R820,0);
pause(0.1);
end
if(vrep.simxGetConnectionId(LBR_iiwa_14_R820)==1),break;
end
end
vrep.simxGetPingTime(LBR_iiwa_14_R820)
vrep.simxFinish(LBR_iiwa_14_R820);
else
disp('Failed connecting to remote API server');
end
vrep.delete();
disp('Program ended');
end
```

4. 仿真数据分析

如图 7.42 所示，机械臂关节 2 先从初始位置顺时针旋转 90°，再逆时针旋转 90°回到初始位置，接着又从初始位置逆时针旋转 90°，最后顺时针旋转 90°回到初始位置。机械臂关节 4 先从初始位置顺时针旋转 90°，再逆时针旋转 135°，接着顺时针旋转 45°，又逆时针旋转 90°，最后顺时针旋转 90°回到初始位置。机械臂关节 6 从初始位置进行逆时针旋转 90°和顺时针旋转 90°的周期运动，最后回到初始位置。

将机械臂运动轨迹进行可视化分析，把读取的机械臂关节数据（关节角度、关节角速度、关节力矩）的“r.txt”、“v.txt”、“T.txt”文件导入 MATLAB 中，并命名为 r、v、T；通过以下绘图程序输出图如图 7.45~图 7.47 所示。

```
%MATLAB 绘图代码
figure(1)
plot(r)
grid on;xlabel('Time'),ylabel('Angle');title('关节角度');
figure(2)
plot(v)
grid on;xlabel('Time'),ylabel('Angular velocity');title('关节速度');
figure(3)
plot(T)
grid on;xlabel('Time'),ylabel('Torque');title('关节力矩');
```

MATLAB与V-REP的联合仿真过程

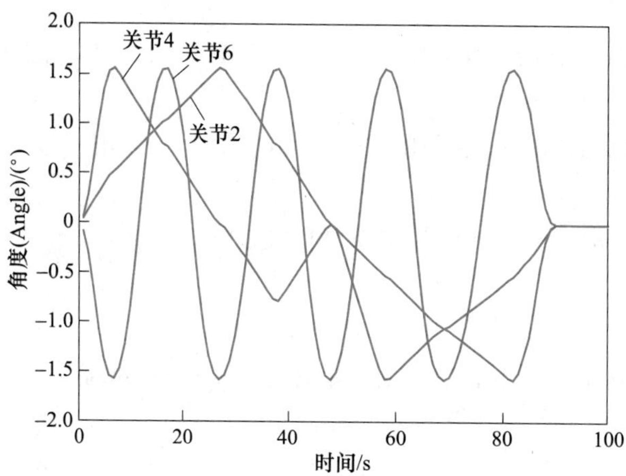

图 7.45　关节角度随时间变化图

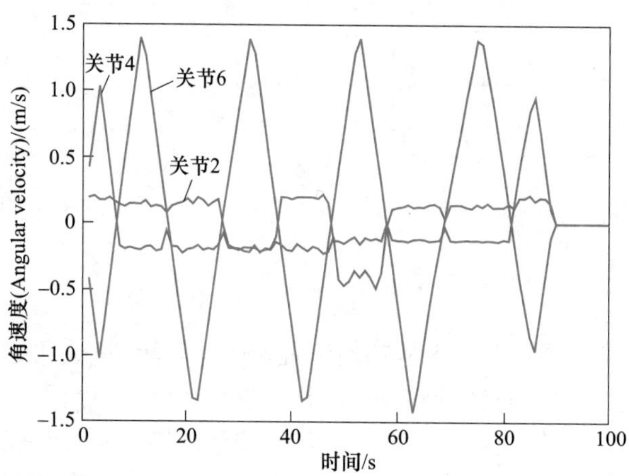

图 7.46　关节角速度随时间变化图

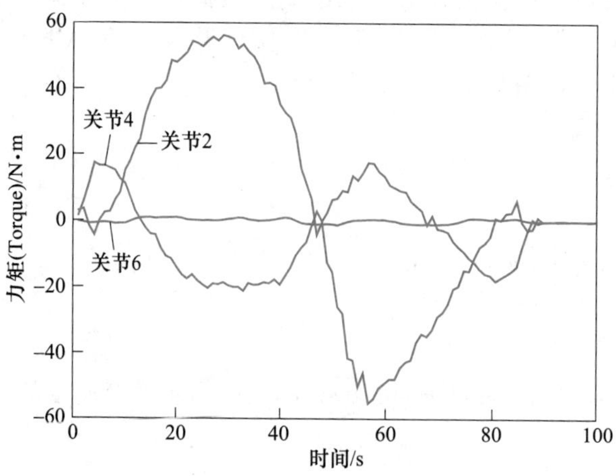

图 7.47　关节力矩随时间变化图

7.3.4 结论

本案例通过 V-REP 和 MATLAB 两个软件共同搭建了仿真平台，利用 V-REP 中的 LBR_iiwa_ 14_ R820 机械臂模型，实现了对机械臂的控制仿真。回顾和总结前面所做的工作，我们可以得到如下主要结论。

1）通过 V-REP 通信文件，可以将 V-REP 和 MATLAB 这两款软件联合起来，建立机械系统模型。可以方便快捷地应用 V-REP 中的三维建模库与操作设置，然后运用 MATLAB 软件来进行控制器设计与数据分析。

2）机械臂的控制仿真和数据分析是一个比较难的问题。本小节尝试利用 V-REP 和 MATLAB 两个软件共同搭建了仿真平台，实现了机械臂的控制仿真。

3）目前对机械臂控制器方面的研究还不深入，而通过搭建联合仿真平台，具象化地研究机械臂的运动过程，为机器人的控制器设计提供了验证方向。

7.4 基于 ABAQUS 与 MATLAB 的软体机械手联合仿真

7.4.1 软件介绍

ABAQUS 软件以其强大的有限元分析功能和 CAE 功能，被广泛运用于机械制造、军用和民用等领域。在这些领域中，ABAQUS 除了可有效地进行相应的静态和准静态分析等结构分析和热分析外，还能进行热固耦合分析，声场和声固耦合分析等。

除此之外，ABAQUS 具有众多的分析模块，可以解决从简单的线性分析到复杂的非线性分析问题，并且其单元库、材料库较为丰富，可以模拟典型工程材料的性能，如金属、橡胶、高分子材料、复合材料、钢筋混凝土、可压缩超弹性泡沫材料，以及土壤和岩石等地质材料。

ABAQUS 以其强大的功能和友好的人机交互界面，赢得了普遍赞誉。

ABAQUS 含有 3 个主求解器模块，即 ABAQUS/Standard、ABAQUS/Explicit 和 ABAQUS/CFD，以及 1 个人机交互的前后处理模块 ABAQUS/CAE。ABAQUS 还提供了解决某些特殊问题的专用模块，包括 ABAQUS/Design、ABAQUS/Aqua、ABAQUS/AMS、ABAQUS/Foundation、MOLDFLOW 接口、MSC. ADAMS 接口，以及 ABAQUS/ATOM 和 Fe-safe。另外，还有 ABAQUSforCATIAV5 等产品。

ABAQUS/CAE 的集成工作环境，包括 ABAQUS 的模型建立、交互式提交作业、监控运算过程及结果评估等能力，如图 7.48 所示。

（1）ABAQUS/Standard　ABAQUS/Standard 为隐式分析求解器，是进行各种工程模拟的有效工具，能精确可靠地求解简单的线弹性静力学分析问题乃至复杂的多步骤非线性动力学分析问题。ABAQUS/Standard 拥有丰富的单元类型和材料模型，能非常方便地配合使用。ABAQUS/Standard 提供了动态载荷平衡的并行稀疏矩阵求解器、基于域分解的并行迭代求解器、并行的 Lanczos 特征值求解器，能进行一般过程分析和线性摄动过程分析。并行计算能大幅减少分析时间，ABAQUS 能够实现多个处理器的并行运算，且具有良好的可扩展性，可

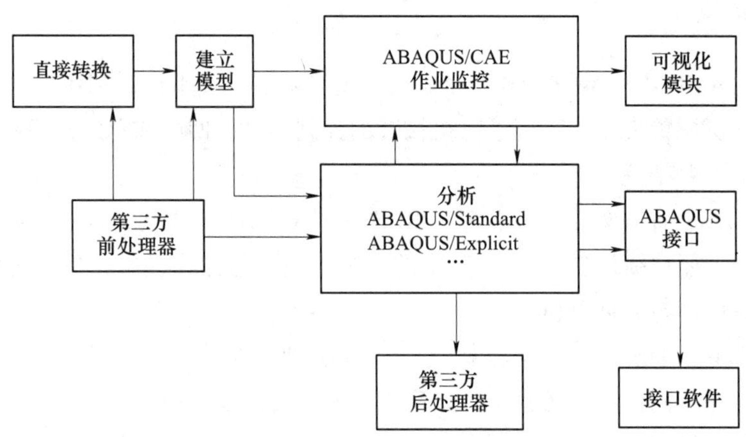

图 7.48　ABAQUS 产品

以通过用户子程序来加强处理问题的能力。本书将结合实例详细介绍 ABAQUS/Standard 的使用。

(2) ABAQUS/Explicit　ABAQUS/Explicit 为显式分析求解器，是进行瞬态动力学分析的有效工具，尤其适于求解冲击和其他高度不连续问题；其处理接触问题的能力也很显著，能够自动找出模型中各部件之间的接触对，高效地模拟它们之间复杂的接触，并能求解可磨损体之间的接触问题。

ABAQUS/Explicit 也拥有广泛的单元类型和材料模型，但其单元库是 ABAQUS/Standard 的单元库的子集。ABAQUS/Explicit 提供基于域分解的并行计算，仅能进行一般过程分析。本书将结合实例详细介绍 ABAQUS/Explicit 的使用。

ABAQUS/Explicit 和 ABAQUS/Standard 有各自的特点和适用范围，它们可相互配合，这使 ABAQUS 的分析功能更加强大和灵活。一些工程问题需要两个求解器的配合使用，ABAQUS 能够以一种求解器开始分析，结束后的分析结果作为初始条件以另一种求解器继续进行分析。

(3) ABAQUS/CAE　ABAQUS/CAE 是一个进行前后处理和任务管理的人机交互环境，对 ABAQUS 求解器提供了全面的支持。ABAQUS/CAE 将各种功能集成在各功能模块中，能够通过操作简便的界面进行建模、分析、任务管理和结果评价。ABAQUS/CAE 是唯一采用基于特征的、参数化建模方法的有限元前处理程序，并能够导入和编辑在各种 CAD 软件中建立的几何体，拥有强大的建模功能，能够有效地创建用户所需的模型。在 ABAQUS/CAE 中，用户能够方便地根据分析目的设置与 ABAQUS/Standard 或 ABAQUS/Explicit 对应的单元类型和材料模型，并进行网格划分。部件之间的接触、耦合和绑定等相互作用也能很方便地被定义。待有限元模型建立、载荷和边界条件施加后，ABAQUS/CAE 能够快速有效地创建、提交和监控分析作业。ABAQUS/Viewer 是 ABAQUS 的可视化模块，模型的结果后处理都在该模块中进行。

按下来可以通过 MATLAB 方便地实现各种优化算法，通过调用 ABAQUS 来方便地读取结果数据库 . odb 文件的数据，发挥更加便捷的仿真作用，具体流程如图 7.49 所示。

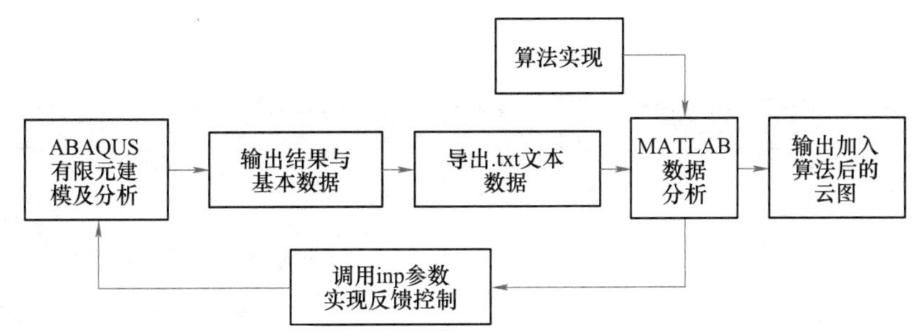

图 7.49　通过 MATLAB-ABAQUS 进行有限元分析计算

7.4.2　软体机械手建模

软体机械手是采用软质材料制造的机械手。与传统的机械手或抓具相比，它操作细小或易碎物体的能力更强。在企业生产中，有着很重要的作用。例如，帮助制造汽车，但在使用软质材料方面一直存在问题。软体机械手的性能主要取决于驱动器的结构。

软体机械手的柔性驱动器整体可分为两部分，上半部分含有腔体网络，下半部分为实体层，通入压力气体时，腔体膨胀导致上半部分在 x 方向的尺寸增加，下半部分尺寸无明显增加，上、下部分的尺寸差使驱动器在 x-z 平面内产生弯曲变形。

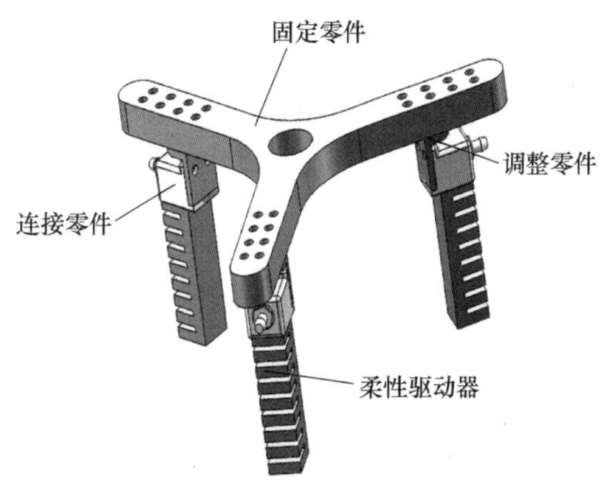

图 7.50　软体机械手装配体

该软体驱动器结构简单、反应速度快、功率密度高且具有很好的自适应性，经过多次仿真，结合软体驱动器的性能要求来设计建模。

首先利用 SOLIDWORKS 零件模块，对软体机械手的各个零件建立模型。在完成软体机械手各零部件的建模（并命名保存）后，再利用 SOLIDWORKS 的装配模块，对各个零件完成装配过程。

该软体机械手主要包括柔性驱动器、连接零件、固定零件和调整零件。完成装配后的软体机械手的整个模型如图 7.50 所示。

7.4.3　联合仿真案例分析

1. 导入模型并设置属性

首先，在导入之前需将工作路径设置到自己的新建文件夹中（系统默认在 C：\ Temp），接着将 SOLIDWORKS 建好的软体抓手驱动器模型另存为 STEP AP214（ *. step； *. stp）格式，在 ABAQUS 中单击“文件”，选择“导入”命令栏下的“部件”，完成对机械臂模型的导入。图 7.51 所示为导入部件界面图。

导入完毕后设置模型属性，单击“模块”选择“属性栏”，创建材料，再单击“通用”→“密度”→“质量密度”，改成需要的值，这里设置质量密度为 1. 049E-09。图 7.52 所示为设置密度界面图。

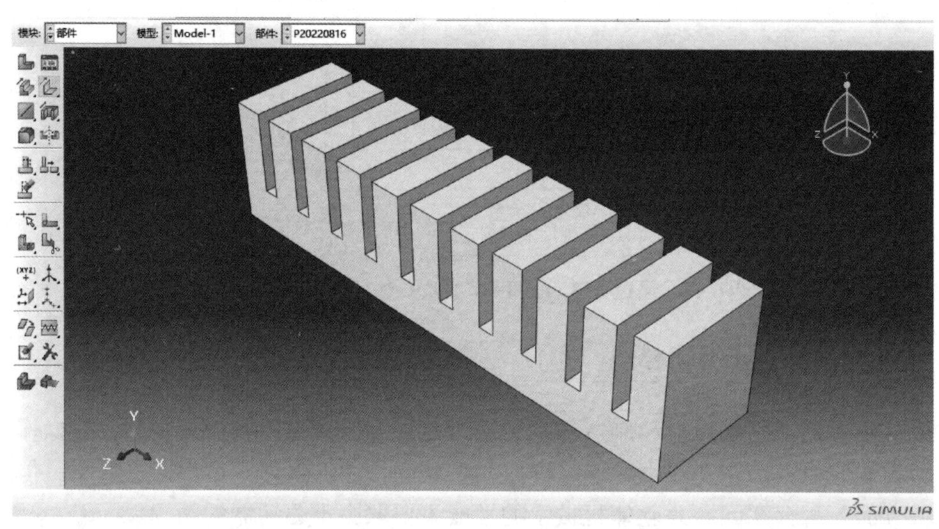

图 7.51　导入部件界面图

单击“力学”→“弹性”→“超弹性”，应变势能选择“Yeoh”，输入源选择“系数”，按需要设置超弹参数，这里设置 C10 为 0.11，C20 为 0.02。图 7.53 所示为设置超弹参数界面。

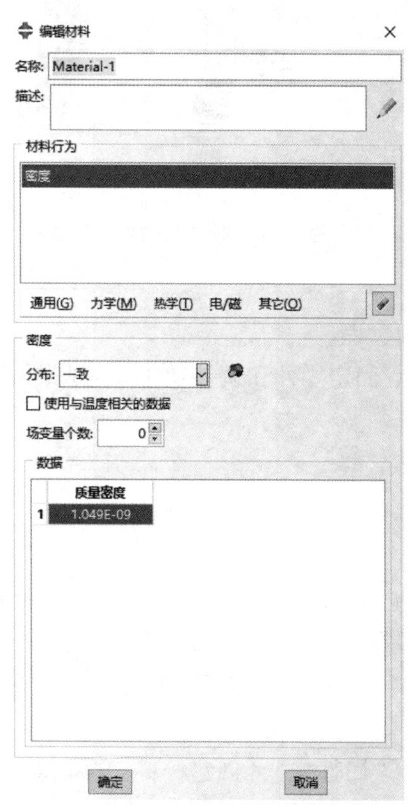

图 7.52　设置密度界面图

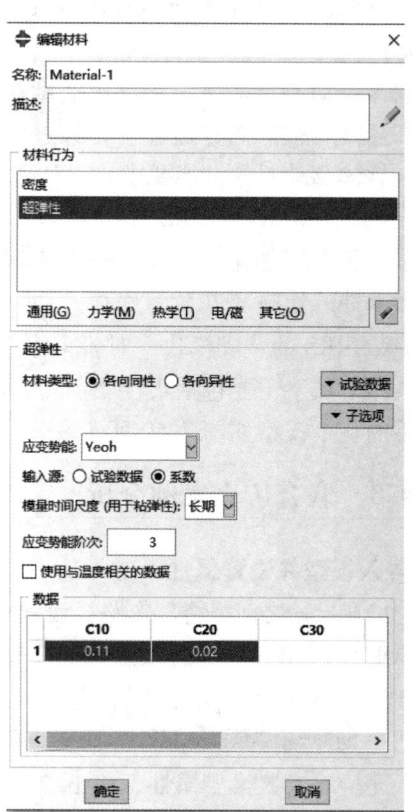

图 7.53　设置超弹参数界面

2. 划分截面

在属性栏下，创建截面，选择实体→均质，单击“确认”按钮。图 7.54 所示为截面类型界面。

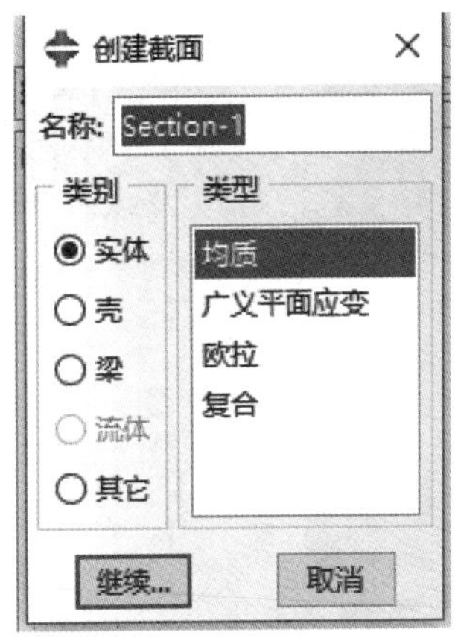

图 7.54　截面类型界面

再点击指派界面下拉列表选择整个模型截面，单击“完成”按钮。图 7.55 所示为指派的截面界面图。

创建模型边界集，图 7.56 所示为创建边界集窗口，单击图标，创建 Set-1，单击“继续”按钮，选中整个模型，单击右下角的“完成”按钮。同理，创建 Set-2，单击“继续”按钮，选中带有充气口的一面，单击右下角的“完成”按钮。图 7.57 所示为选中模型界面。

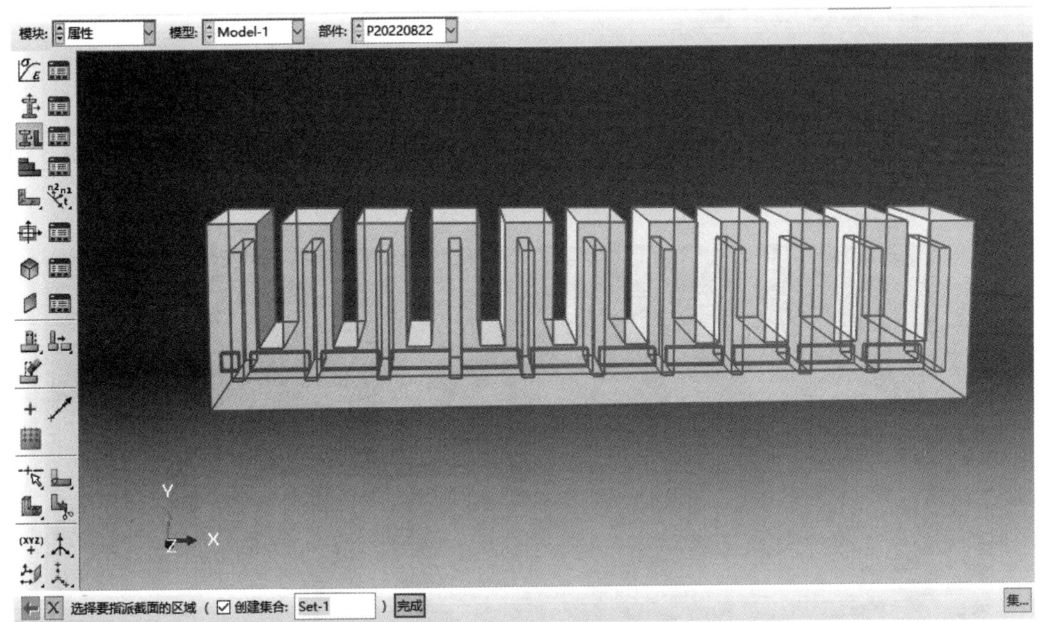

图 7.55　指派的截面界面图

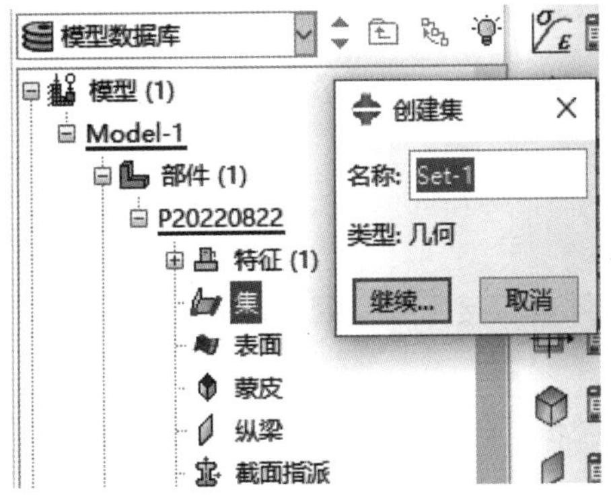

图 7.56　创建边界集窗口

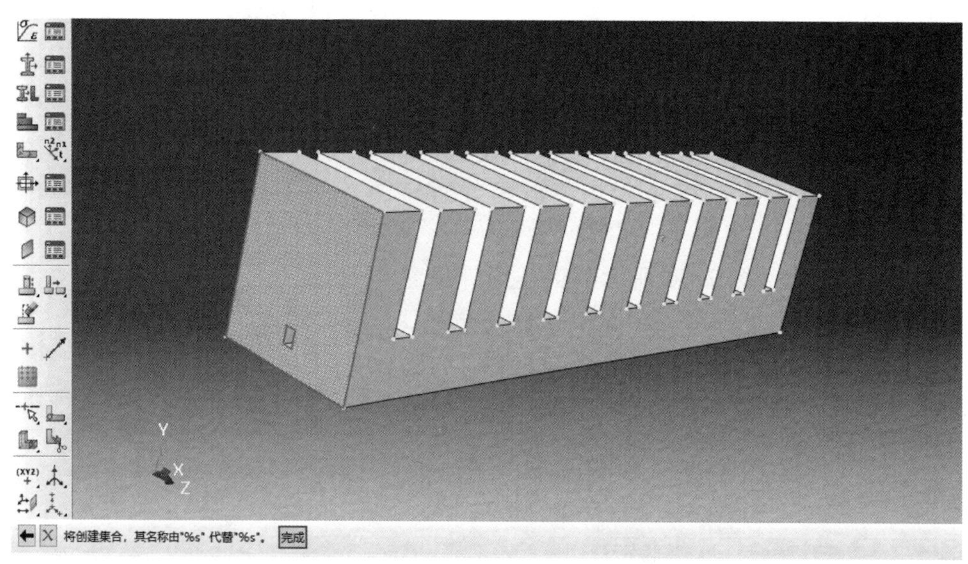

图 7.57　选中模型界面

创建部件表面，单击“表面”图标，出现表面设置界面，单击“继续”按钮，选中内表面空腔，单击“完成”按钮，如图 7.58 所示。

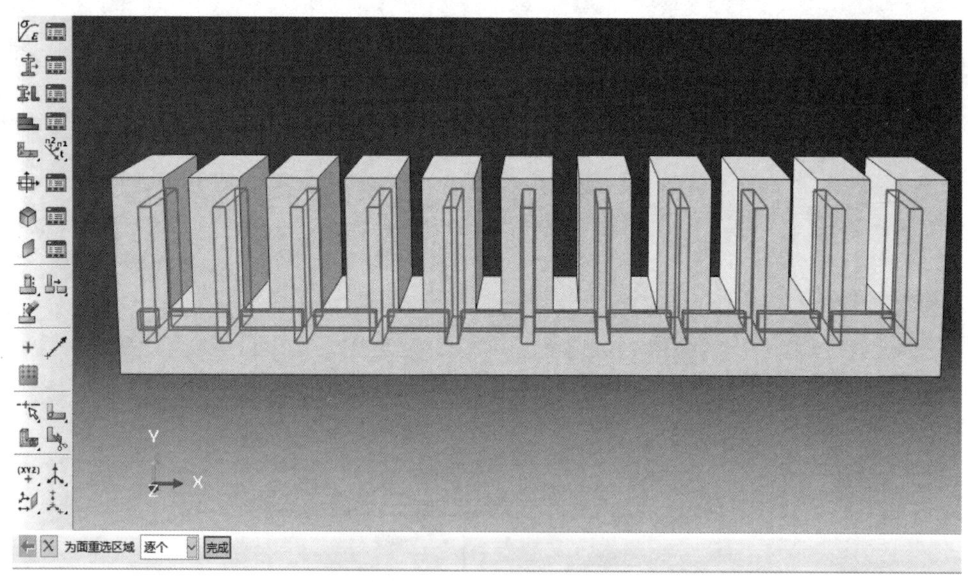

图 7.58　选中内表面空腔界面

这样整个模型截面划分结束，接下来是网格的划分。

3. 网格划分

单击“模块”，选择“网格”，再单击图标，按照如图 7.59 所示设置，单击“确定”按钮。

再单击图标，指派网格控制属性，按照如图 7.60 所示设置，单击“确定”按钮。

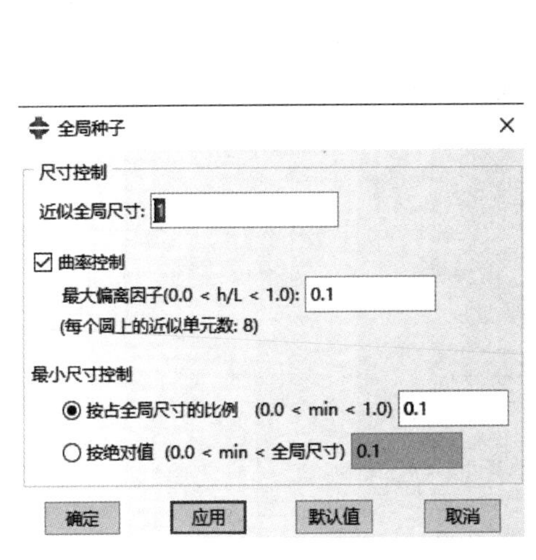

图 7.59　全局种子界面

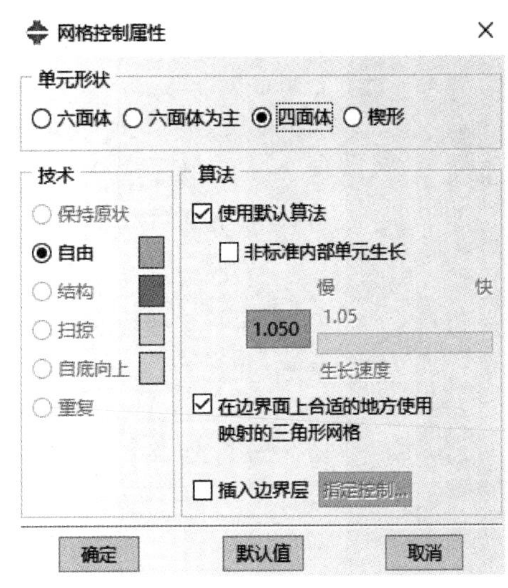

图 7.60　网格控制属性界面

接着单击图标，指派单元类型，选中整个模型网格，单击“完成”按钮，按照图 7.61 所示设置为 C3D10H 的类型，单击“确认”按钮。

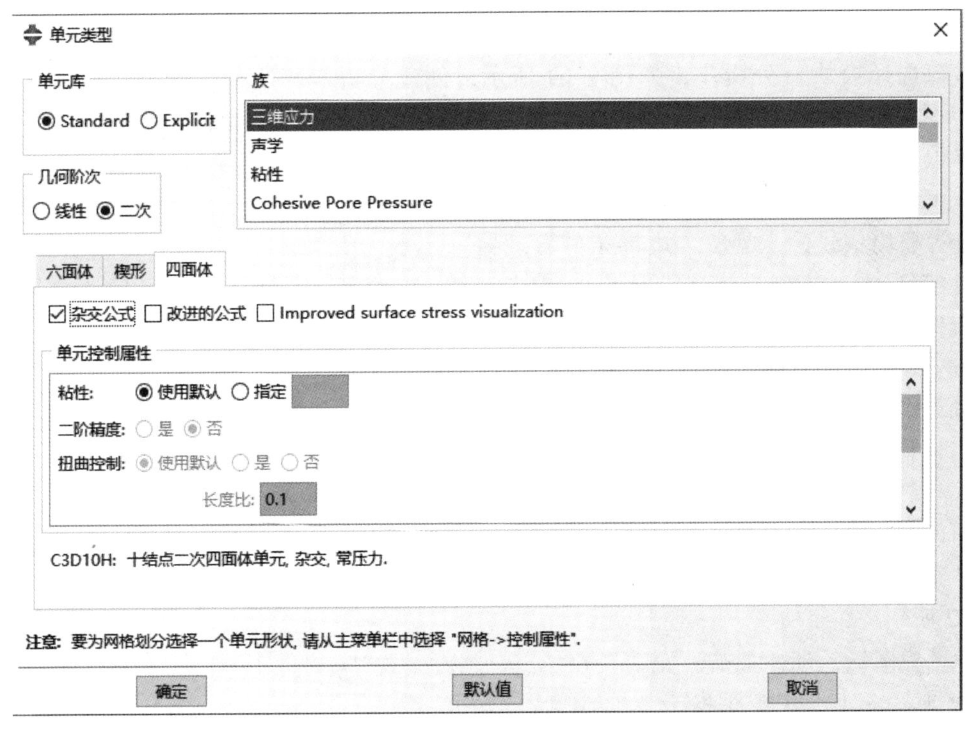

图 7.61　设置类型界面

接下来单击图标，进行网格划分，随后单击右下角的“确认”按钮，为部件划分网格，网格划分如图 7.62 所示。

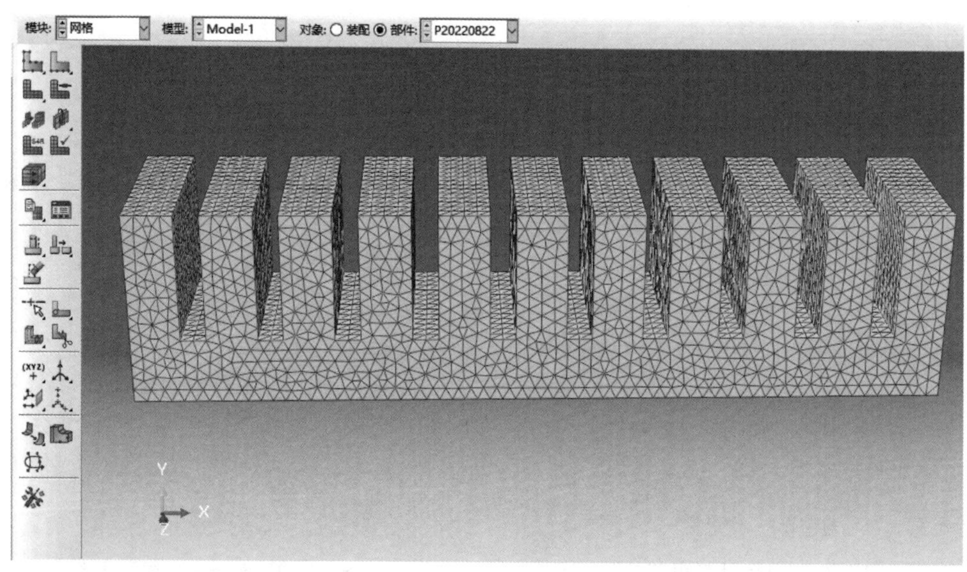

图 7.62　网格划分界面

4. 装配和分析步

选择模块→装配，单击“将部件实例化”，选择“部件”，单击“确认”按钮，如图 7.63 所示。

接着选择模块→分析步，如图 7.64 所示，创建分析步，选择“静力，通用”，单击“继续”按钮，编辑分析步窗口，基本信息栏，打开几何非线性，单击“增量”，设置最大增量步数为 100，增量步大小的初始为 0.001，最小为 1E-05，最大为 1。

5. 相互作用和载荷

选择模块→载荷，单击“边界条件管理器”，再单击“创建”，把分析步改成 initial，单击“继续”按钮，单击右下角的“集”，选择创建的 Set-1，单击“继续”按钮，再设置边界条件如图 7.65 所示，单击“确定”按钮。

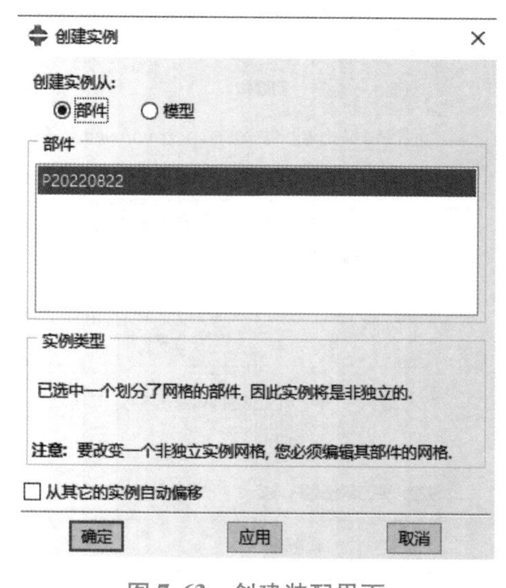

图 7.63　创建装配界面

此时将此边界条件选择以 z 轴对称，单击“确定”按钮，如图 7.66 所示。

同理再创建一个边界条件 BC-2，选择 Initial，单击“继续”按钮，选择集 Set-2 作为固定面，如图 7.67 所示。

单击图标，创建载荷，如图 7.68 所示，分析步改为 Step-1，类型选择力学→压强，单击“继续”按钮。

选择右下角的表面，选中之前创建的内腔表面 Surf-1，单击“继续”按钮，压强大小设置如图 7.69 所示。

整个载荷设置过程结束，载荷分布如图 7.70 所示。

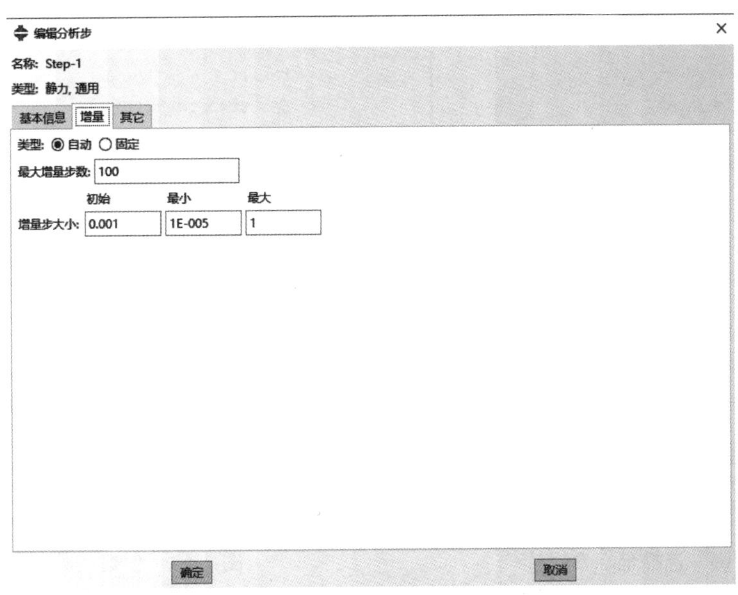

图 7.64 创建分析步界面

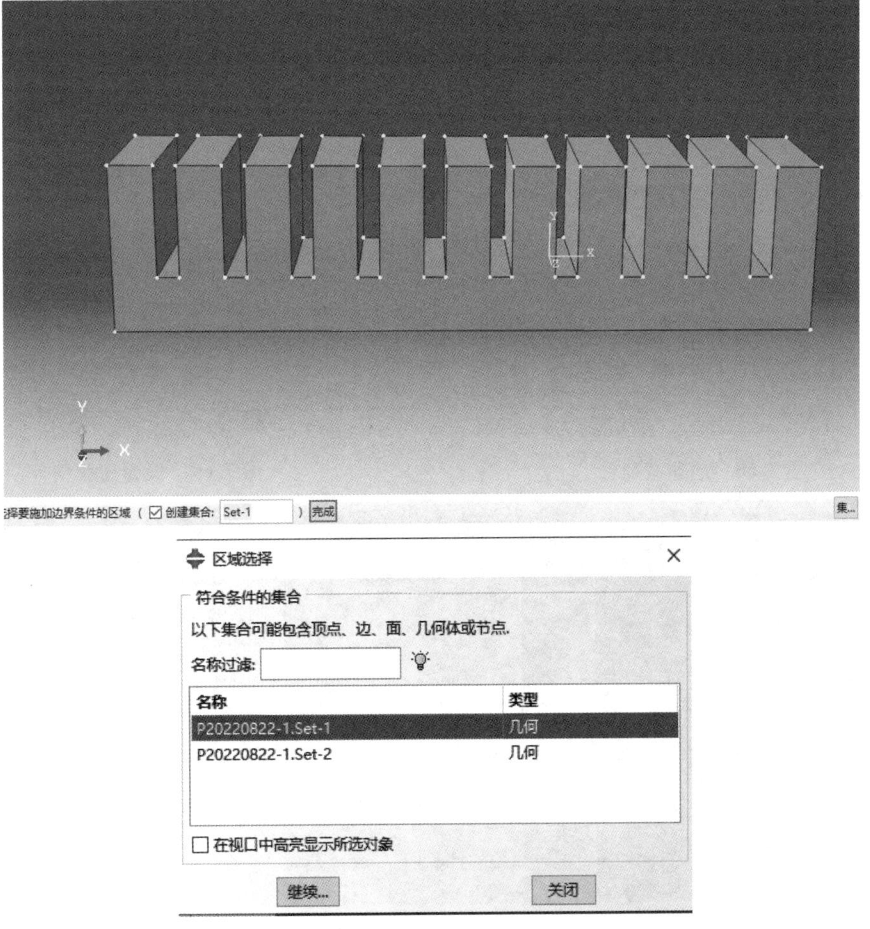

图 7.65 创建边界条件 BC-1

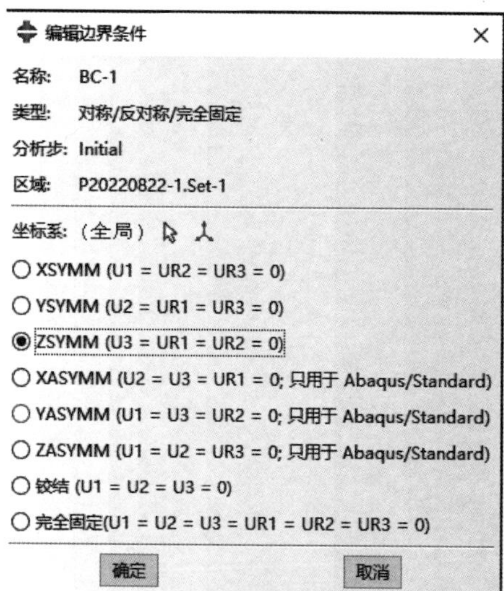

图 7.66　选择坐标系对称

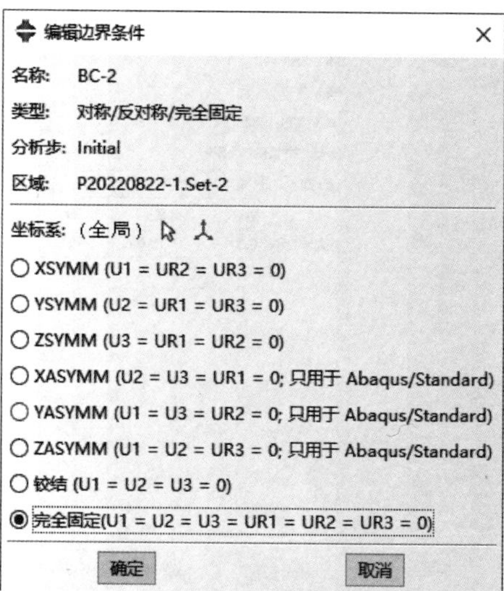

图 7.67　创建边界条件 BC-2

图 7.68　创建载荷

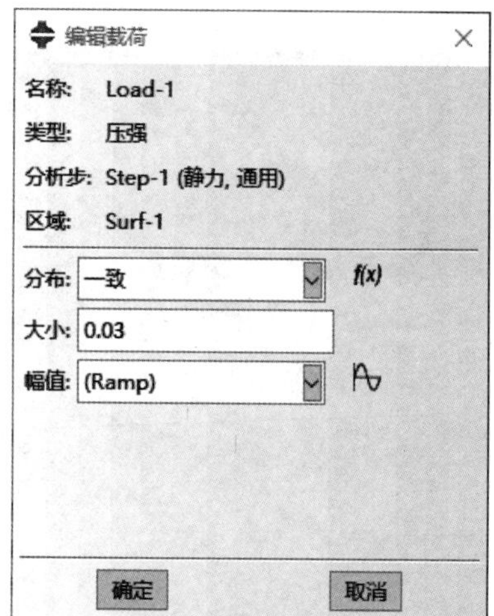

图 7.69　设置压强值

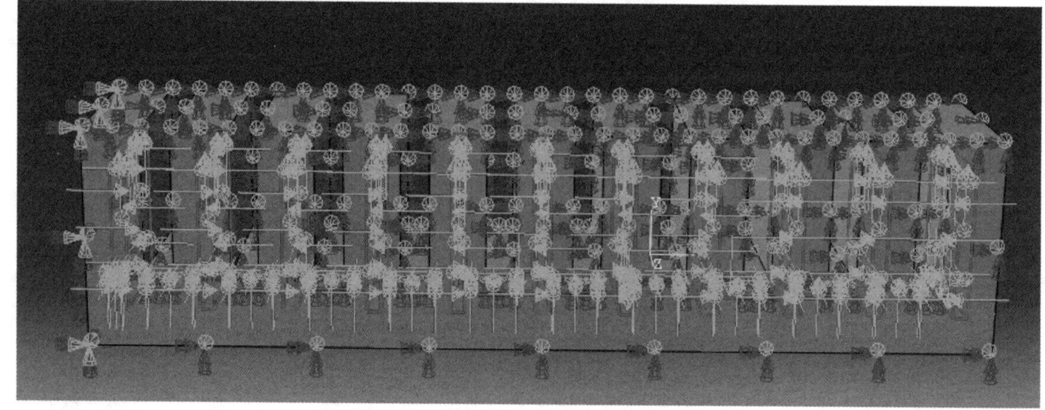

图 7.70　载荷分布图

6. 创建作业

单击“模块”，选择“作业”，单击“创建作业”，单击“继续”按钮。选择“使用多个处理器”，编辑作业条件如图 7.71 所示，单击“确定”按钮。单击“作业管理器”，再依次单击“写入输入文件”按钮、“数据检查”按钮、“提交”按钮。

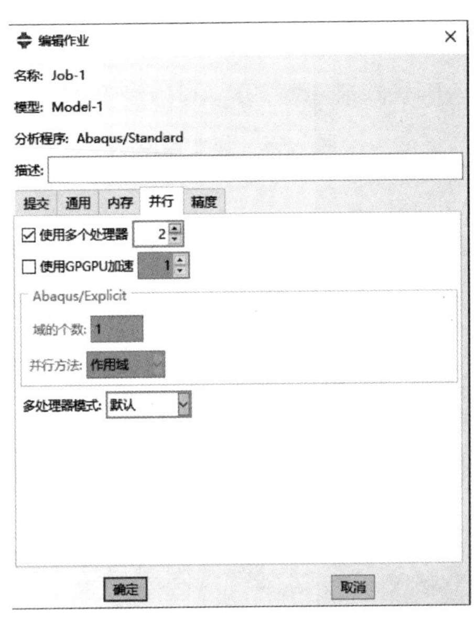

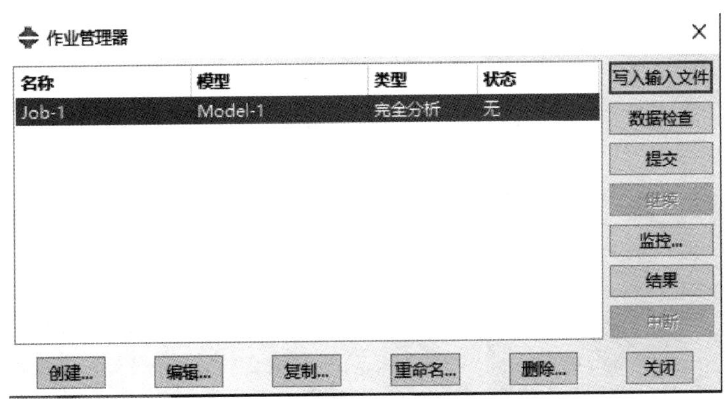

图 7.71　创建作业

可以通过监视观察分析步中每个增量步的输出，都完成后，单击“结果”，进入结果查看界面，模型为绿色。仿真结束后，可在 ABAQUS 的工作路径中查看到，生产的 Job-1 文件，如图 7.72 所示。

单击“结果”后，进入可视化模块，如图 7.73 所示。

单击“动画历程”，这时随着压强的不断增大，整个气囊会显示运动过程。可看到仿真的运动过程如图 7.74 所示。

Job-1 监控器

作业: Job-1　状态: 运行中

析步	增量步	属性	不连续的迭	等效迭代数	总迭代数	总时间/频率	分析步时间/LP	时间/LPF增量
1	10	1	0	6	6	0.01925	0.01925	0.00225
1	11	1	0	8	8	0.0215	0.0215	0.00225
1	12	1	0	10	10	0.02375	0.02375	0.00225
1	13	1U	0	10	10	0.02375	0.02375	0.00225
1	13	2	0	7	7	0.024875	0.024875	0.001125
1	14	1	0	7	7	0.026	0.026	0.001125
1	15	1	0	7	7	0.027125	0.027125	0.001125
1	16	1	0	7	7	0.02825	0.02825	0.001125

图 7.72　作业监控

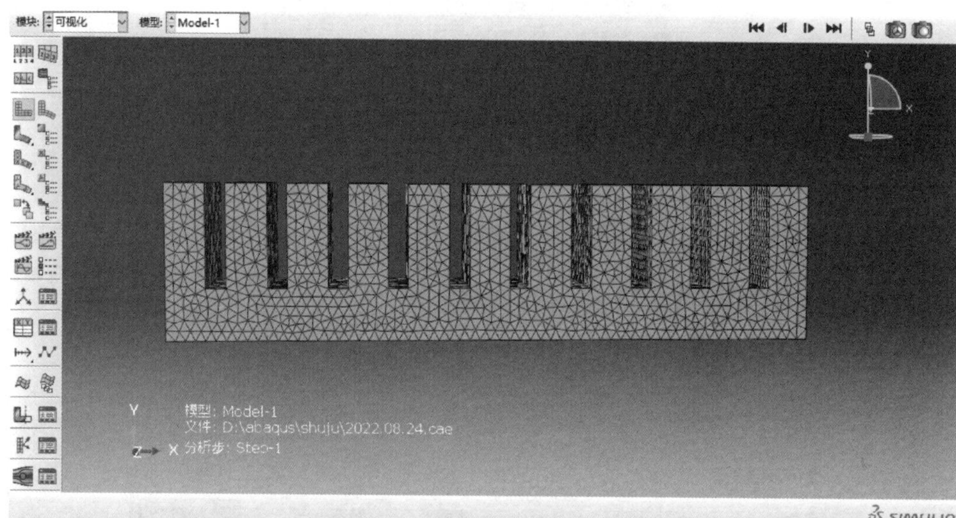

图 7.73　可视化未变形图结果

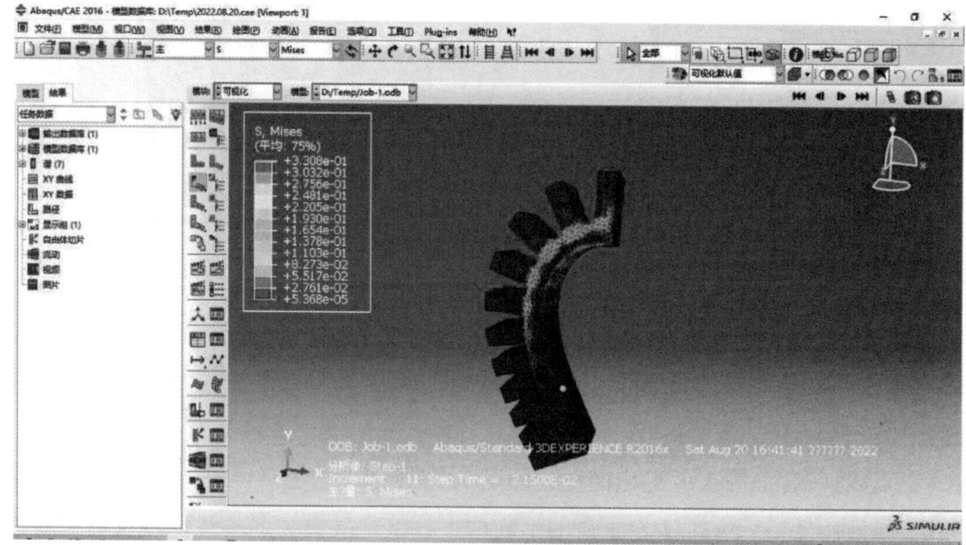

图 7.74　仿真运动图

7. MATLAB 和 ABAQUS 联合仿真

通过 MATLAB 创建 .m 格式文件，可以在 MATLAB 里面直接通过系统调用向 ABAQUS 提交计算文件及相关计算参数，包括用户子程序、cpu 数量等。下面是一个函数接口。

建立 MATLAB 与 ABAQUS 两个软件的接口函数，代码如下：

```
function [output_args] =runabaqus(Path,userFile,InpFile,cpus)%ABAQUS 提交计算的命令,inp 文件,用户子程序,cpus 数目等。
Path='D:\abaqus'  %指定文件所在目录
InpFile='Job-1' %不需要后缀名 inp
cpus='2' %计算机使用的 cpu 个数
userFile='usfeld'; %用户子程序
inputFile=['abaqus job=JOB-1',InpFile, 'user=usfeld',userFile 'cpus=2',cpus]
t0=tic
MatlabPath=pwd (); %记下当前 MATLAB 目录
cd(Path)  %进入 abaqus 目录,即 inp 文件所在目录
req='tgb,Node tgb.11,U2';%指定部件名,节点名和读取的结果
[ output_args ] = system(['abaqus job=Job-1 inp=Job-1.inp interactive']); %通过系统调用,运行 ABAQUS,提交计算文件
pause(0.1)
cd(MatlabPath )  %返回 MATLAB 工作目录
if (exist([Path,'\',InpFile,'.lck'],'file')= =2)%若提交成功,则检测计算时间
whileexist([Path,'\',InpFile,'.lck'],'file')= =2
t=toc(t0);
h=fix(t/3600);
m=fix(mod(t,3600)/60);
sec=fix(mod(mod(t,3600),60));
pause(1)
fprintf('----------ABAQUS calculating----------\n        time costed  %d:%d:%d\n',...
h,m,sec);
end
fprintf('----------ABAQUS complete----------\n        time costed  %d:%d:%d\n',...
h,m,sec);
else%若提交计算出错,则输出错误信息
fprintf('\n runabaqus erro:InpFile submmit failed\n')
end
end
runabaqus(Path,UserFile,InpFile,cpus):
```

MATLAB与ABAQUS仿真过程

这是一个 MATLAB 接口函数，同时也是实现程序。功能是根据指定参数向 ABAQUS 提交计算文件，并监测 ABAQUS 计算过程。参数列表（Path，userFile，InpFile，cpus）含义分别为：

1）Path：inp 计算文件所在的绝对路径。

2）userFile：用户 Fortran 子程序，如果有子程序就给子程序的文件名，没有的话就不要这个参数，把 runabaqus 的一行代码 inputFile = ［ ‘abaqus job =’，InpFile，’ user =’，userFile，’ cpus=’，cpus］，改为 inputFile=［ ‘abaqus job=’，InpFile，’ cpus=’，cpus］。

3）InpFile：inp 计算文件的文件名。

4）cpus：指定 ABAQUS 求解器使用的 cpu 数量。

这时，MATLAB 开始调用 ABAQUS 模拟仿真。可在结果场输出中查看不同时间点的载荷仿真模型如图 7.75~图 7.78 所示。

图 7.75　分析步 0.11s 的载荷

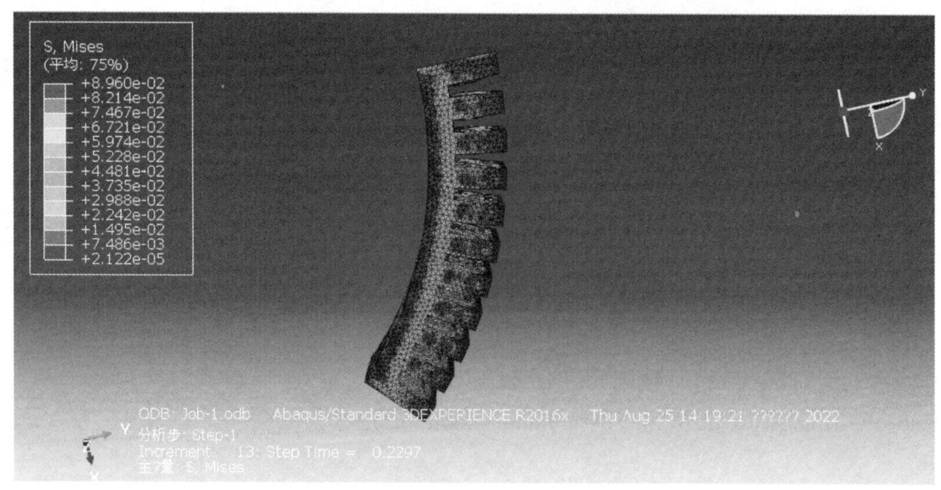

图 7.76　分析步 0.22s 时的载荷

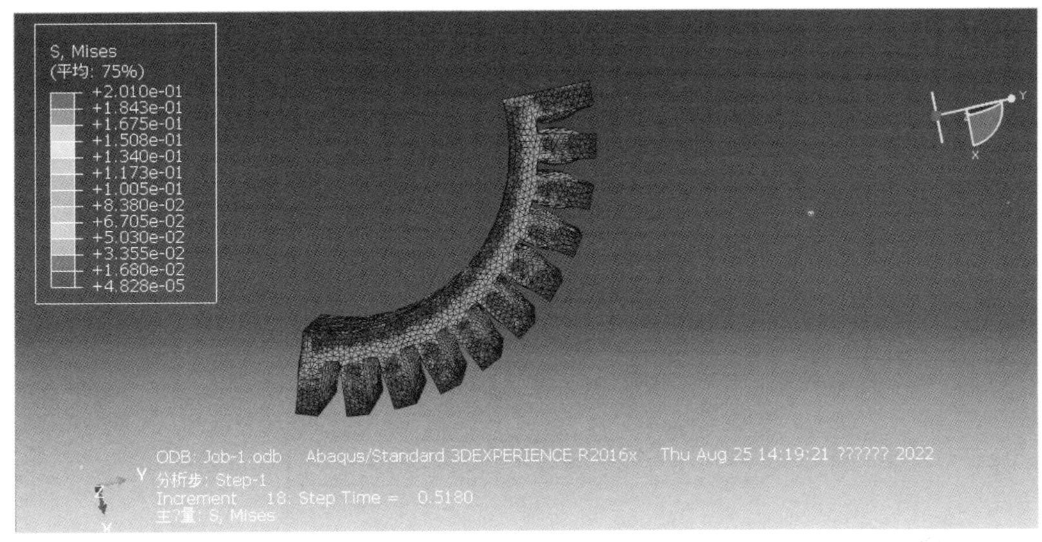

图 7.77　分析步 0.51s 时的载荷

图 7.78　分析步 1s 时的载荷

联合模拟仿真了气囊的气动过程后，需要输出应力（Torque）与时间的变化云图。创建 XY 数据，选择 ODB 场输出变量，输出变量的位置选择唯一节点的，再选择应力分量中的压强（Pressure），如图 7.79 和图 7.80 所示。

此时切换到单元/节点，选择从视口中拾取，编辑选择集，从未变形图上选择任意三点，完成后单击“绘制”按钮，如图 7.81 所示。

单击“报告→XY”，单击“设置”，名称改为 result1. txt，有效数字位数加到 9，单击“确认”按钮，如图 7.82 所示。

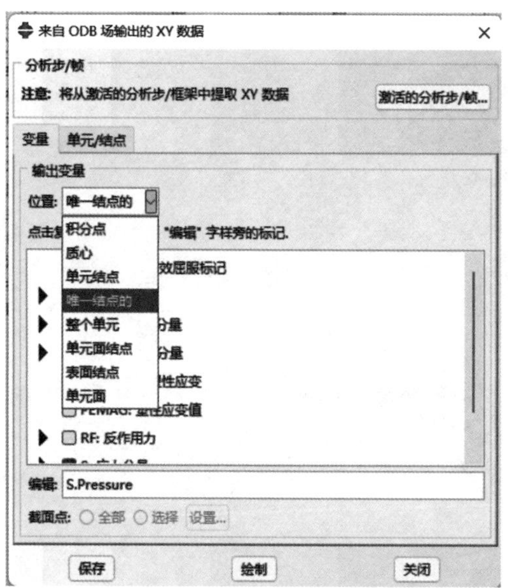

图 7.79　选择输出变量位置

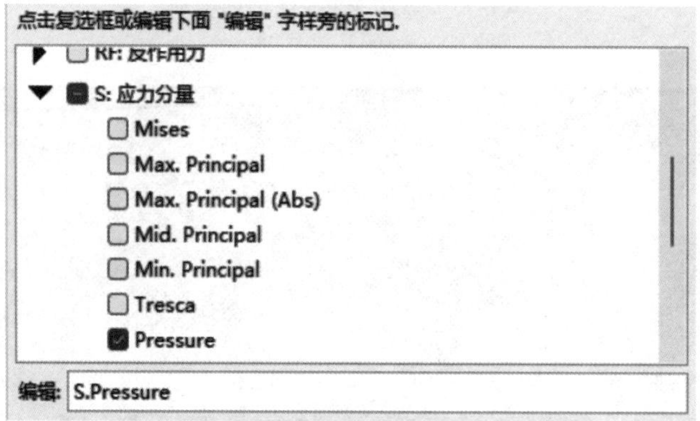

图 7.80　选择应力分量

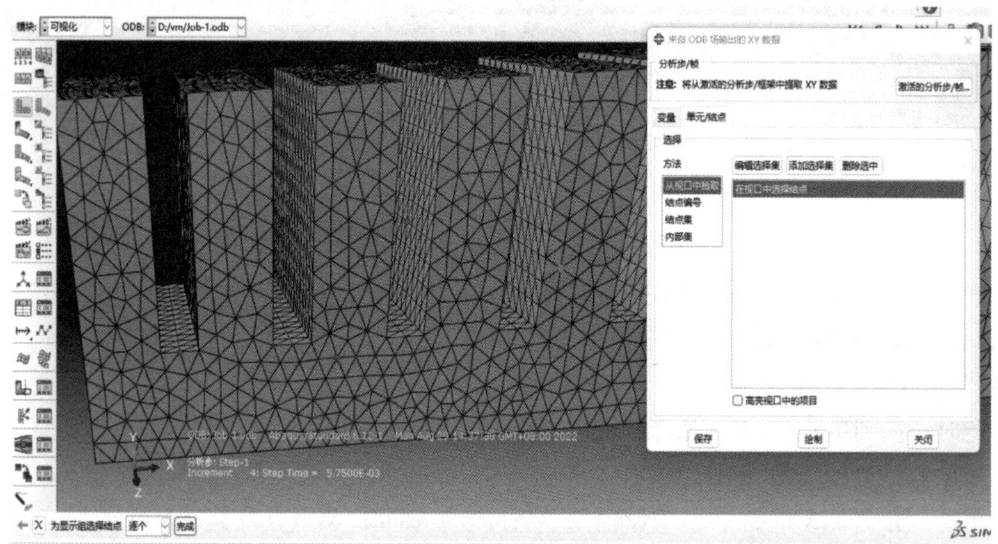

图 7.81　选择任意结点

接下来打开 MATLAB，对 ABAQUS 气囊的气动过程仿真结果进行云图输出，代码如下：

```
r1 = dlmread('result1. txt')
r2 = dlmread('result2. txt')
r3 = dlmread('result3. txt')
plot(r1(:,1),r1(:,2),'r');
hold on
plot(r2(:,1),r2(:,2),'b')
hold on
plot(r3(:,1),r3(:,2),'g')
xlabel('Time'),ylabel('Torque')
```

如果要加入与应力相关的计算公式，还可以输出通过应力计算后参数的结果，应力与分析步时间变化云图如图 7.83 所示。

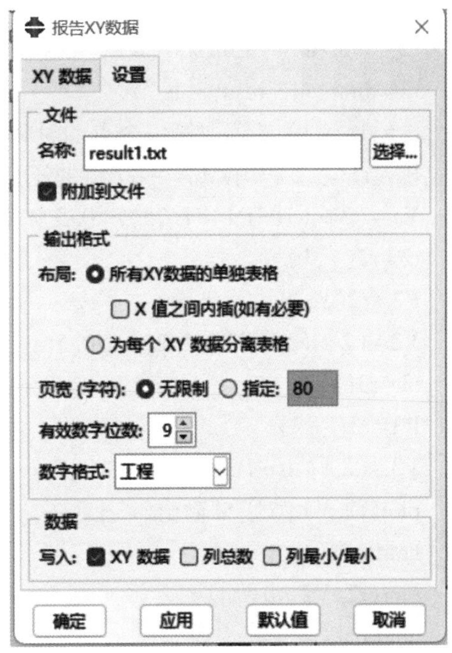

图 7.82　输出 .txt 格式文件

如图 7.83 所示，上述选取的第一点的应力分量-压力随着分析步的变化增大得最快，也就是说在 1s 分析步中每一个增量步所增加的压力也大于第二点和第三点。经过多组数据得出结论，位于气囊中间凹槽的外表面边缘一点的压力普遍大于其他平面任意一点的压力。

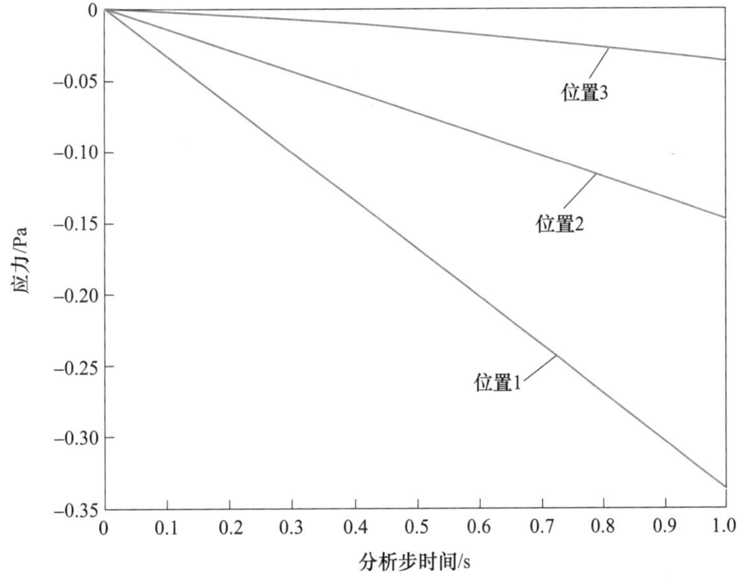

图 7.83　应力与分析步时间变化云图

根据上述输出的压力与时间变化值，以及方程 $P+(1/2)*\rho*v^2=C$ 来输出气体流速（Flow）和分析步时间变化图。下面是一个利用压力变化输出气体流速变化的程序。MATLAB 仿真代码如下：

```
r1=dlmread('result1.txt') %输出 txt 文本文档
r2=dlmread('result2.txt')
r3=dlmread('result3.txt')
t1=r1(:,1) %读取第一个点的时间
P1=r1(:,2) %读取第一个点的压力
V1=(2*(10-P1)/1.25).^0.5 %根据上述方程算出第一个点的气体流速
t2=r2(:,1)
P2=r2(:,2)
V2=(2*(10-P2)/1.25).^0.5
t3=r3(:,1)
P3=r3(:,2)
V3=(2*(10-P3)/1.25).^0.5
plot(t1,V1,'r') %输出
hold on
plot(t2,V2,'b')
hold on
plot(t3,V3,'g')
xlabel('Time'),ylabel('Flow') %定义 x 和 y 坐标名
```

然后输出三个点的气体流速与分析步时间变化关系曲线图，如图 7.84 所示。

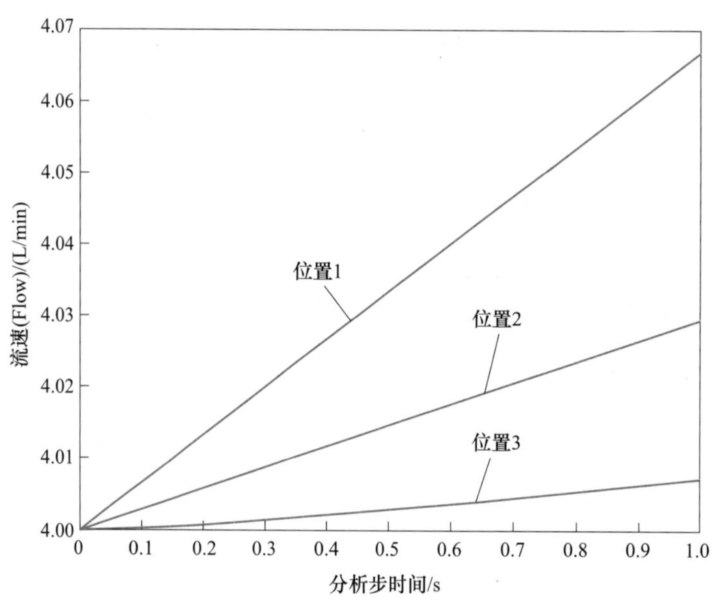

图 7.84　气体流速与分析步时间变化曲线图

随着三个点压力在反方向的不断增大，这三点的气体流速也在变快，因此气囊充气的速度也在变得越来越快。

最后是抓手内部受力图，如图 7.85 所示。

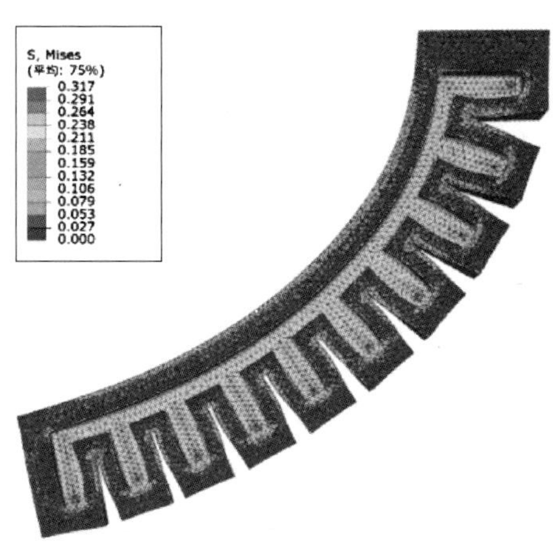

图 7.85　抓手内部受力图

7.4.4　结论

1）本案例向读者介绍了基于 ABAQUS 与 MATLAB 的联合仿真控制方法，介绍了相关模块的主要功能和用法。进行了数学模型的分析，在 SOLIDWORKS 中进行了软体机械手的建模，导入了 ABAQUS 软件，通过 ABAQUS 软件和 MATLAB 联合仿真，实现了软体机械手的设计，有效地提高了设计效率，降低了开发成本，节省了时间。

2）利用虚拟设计的方法，在避免推导烦琐的动力学方程的情况下，实现了软体机械手的设计，大大地提高了设计效率，在降低软体机械手开发成本的同时，节省了大量的时间。

3）该联合仿真的设计方法，利用了 SOLIDWORKS 进行建模，ABAQUS 的模拟仿真，再使用 MATLAB 对 ABAQUS 运行后的数据优化、计算使其整个控制流程操作简单，编程效率高，计算快速、准确和稳定，为机器人的开发提供了一种新的途径。通过仿真，验证了软体机械手的可行性，仿真过程中得到大量的设计参数，有助于机器人的设计与研制。所采用的设计分析方法，可以充分地利用虚拟设计技术，在建立物理样机之前，通过仿真分析来对样机机械系统进行改进，以便得到较优的设计方案。

参 考 文 献

[1] 蔡自兴，谢斌．机器人学基础［M］.3版．北京：机械工业出版社，2021.

[2] 杨辰光，李智军，许扬．机器人仿真与编程技术［M］．北京：清华大学出版社，2018.

[3] 郭洪红．工业机器人技术［M］.4版．西安：西安电子科技大学出版社，2021.

[4] 范凯．机器人学基础［M］．北京：机械工业出版社，2019.

[5] 李艳生，杨美美，魏博，等．机器人系统建模与仿真［M］．北京：北京邮电大学出版社，2020.

[6] 韩清凯，罗忠．机械系统多体动力学分析、控制与仿真［M］．北京：科学出版社，2010.

[7] 刘金国，高宏伟，骆海涛．智能机器人系统建模与仿真［M］．北京：科学出版社，2014.

[8] 郭卫东，李守忠．虚拟样机技术与 ADAMS 应用实例教程［M］．3版．北京：北京航空航天大学出版社，2022.

[9] 李献，骆志伟，于晋臣．MATLAB/Simulink 系统仿真［M］．北京：清华大学出版社，2017.

[10] 吴振彪．工业机器人［M］.2版．武汉：华中科技大学出版社，2006.

[11] 克雷格．机器人学导论［M］.4版．贠超，王伟，译．北京：机械工业出版社，2019.

[12] 贾瑞清．机器人学：规划、控制及应用［M］．北京：清华大学出版社，2020.

[13] 尼库．机器人学导论：分析、控制及应用［M］.2版．孙富春，朱纪洪，刘国栋，等译．北京：电子工业出版社，2018.

[14] 叶晖．工业机器人工程应用虚拟仿真教程［M］．2版．北京：机械工业出版社，2021.

[15] 李剑峰．机电系统联合仿真与集成优化案例解析［M］．北京：电子工业出版社，2010.